真想暫時
變成貓

貓奴等級測驗
掃描QRcode立刻挑戰！

真想暫時變成貓

搞懂貓脾氣！韓國貓專科名醫的貓咪行為與情緒指南

잠시 고양이면 좋겠어：왜 그럴까？어떤 마음일까？

作者	羅應植（나응식）
譯者	陳品芳
插圖	yddggi
執行編輯	顏妤安
行銷企劃	劉妍伶
封面設計	李東記
版面構成	賴姵伶
發行人	王榮文
出版發行	遠流出版事業股份有限公司
地址	臺北市中山北路一段 11 號 13 樓
客服電話	02-2571-0297
傳真	02-2571-0197
郵撥	0189456-1
著作權顧問	蕭雄淋律師

2021 年 7 月 31 日　初版一刷
定價　新台幣 370 元
有著作權 · 侵害必究 Printed in Taiwan
ISBN　978-957-32-9225-8
遠流博識網　http://www.ylib.com
E-mail：ylib@ylib.com
（如有缺頁或破損，請寄回更換）

國家圖書館出版品預行編目 (CIP) 資料

真想暫時變成貓：搞懂貓脾氣！韓國貓專科名醫的貓咪行為與情緒指南 / 羅應植 (Na Eungsic) 著；陳品芳譯 . --
初版 . -- 臺北市：遠流出版事業股份有限公司 , 2021.07　面 ；　公分
譯自 : 잠시 고양이면 좋겠어：왜 그럴까？어떤 마음일까？
ISBN 978-957-32-9225-8(平裝)
1. 貓 2. 寵物飼養 3. 動物行為
437.364　　110011422

真想暫時變成貓

搞懂貓脾氣！
韓國貓專科名醫的貓咪行為與情緒指南

羅應植 / 著

陳品芳 / 譯　插圖：yddggi

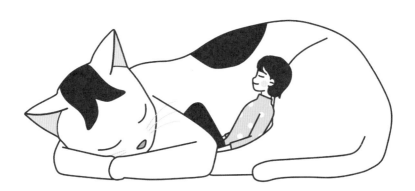

心的溫度

　　「喵神」「喵喵博士」「大貓」……

　　登上EBS電視台《拜託貓咪》節目後，我開始有了一些讓我愧不敢當的綽號。我曾經有段時間因此無地自容，只想找個地方躲起來，就像聽見玄關傳來腳步聲就會立刻躲到角落的貓咪一樣。我自己覺得，比起其他愛貓人士，我只是相對瞭解貓咪這種個性獨特又麻煩的生物而已。

　　就在這個時候，金英沙編輯提議我可以出書，而她之前擔任編輯的書，也一直都是我書架上的常客。我一直煩惱自己究竟有沒有資格出書，最後終於鼓起勇氣決定挑戰。

原本只是單純想將自己知道的東西用文字寫出來，但一想開始寫卻又不知道該從何下筆。我一開始傲慢地覺得自己相當享受寫作，應該可以把書稿寫得很有趣，但過了幾天這種想法就消失殆盡。即便如此，下班之後稍微犧牲一點睡眠時間，一點一滴地把跟貓有關的事情寫下來，然後出版成冊，還是讓我非常開心。

　　寫書的過程中，有一個數字一直在我腦海中打轉，那就是「38.5」。這是貓咪的平均體溫，比人的平均體溫高了2度。寫稿的時候，我一直試著讓心的溫度能夠達到這個數字。我覺得貓咪心的溫度，應該就跟牠們的體溫一樣溫暖。貓咪與我們的差異並不在於這2度的體溫，而是來自於其他地方。也是因為這樣，人貓之間之間才會產生誤解、衝突，浪費許多寶貴時間吧？

　　書裡出現的阿銀、阿米、原子、波妞（之前已經回到喵星去了）和探戈，都是在恩典動物醫院跟我們一起生活，有著獨特個性、充滿魅力的孩子。偶爾在醫院碰到貓咪們時，我都會輕輕地摸摸牠們的眉心。

書中提到幾隻前來接受診治，或與我有互動的孩子，都是以假名登場。在開心的故事裡登場的主角，可能是以本名現身，但故事比較悲傷、處境比較艱難的，大多都是不太能曝光本名的孩子。希望各位在閱讀牠們的故事時能夠諒解這一點，書中的主角們也會很感謝各位的。

　　貓咪這種獨特又可愛的動物，就彷彿來自另外一個星球，和狗狗大不相同。如果你本身是愛貓人士，應該很容易對書中的幾個故事產生共鳴；如果你有養貓的規劃，也能夠透過本書，瞭解與貓咪一起幸福生活的秘訣。

　　我在書中寫出了讓我的心更加溫暖的貓咪故事，也希望各位讀者能夠透過我的文字，與家中貓咪一起分享這份溫暖。

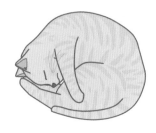

 貓咪的管理

1

貓咪的習性

誰是沙發恐怖攻擊的主嫌？

#貓爪

　　主嫌就是壓力。因為我很喜歡家具，所以想在醫院放張昂貴的布沙發，但所有人都持反對意見。

　　當時固定住在醫院的有阿銀、探戈、ZICO和阿米四隻貓，而貓咪的恐怖攻擊之一，就是把沙發給抓破。那時所有人都已經經歷過這件事，所以異口同聲地對我的想法表達擔憂。但我覺得如果可以用一件家具改變候診室的氣氛，確實值得一試，所以還是買了一張沙發。然而不到幾天，大家的擔憂就成了現實。不知道哪隻貓把沙發側面抓到起毛球，整張沙發最後滿布抓痕、傷痕累累。

誰是犯人呢？

第一個嫌疑犯：探戈

這傢伙是隻英國短毛貓，主要的活動範圍是休息室的櫃台上。每天大概有幾十個人會在牠身邊走動，但探戈通常不太會睜眼，也幾乎懶得動，至少我沒看過牠在我面前移動超過一公尺，所以牠不可能做出這種事。

第二個嫌疑犯：ZICO

虎斑貓ZICO身上有老虎般的花紋，喜歡拖著胖胖的身軀四處亂跑，但應該不會跑去沙發那邊吧？牠主要在診間活動，偶爾會走到治療室，倒在地上露肚肚給人看。是ZICO亂抓沙發嗎？我想牠應該沒有那個勇氣，去把這張才買來沒幾天的沙發抓成這樣。

第三個嫌疑犯：阿米

　　這傢伙是隻阿比西尼亞貓，超級貪吃，除了吃的東西之外完全沒興趣。只有在餵食住院的貓咪或寄住寵物旅館的貓咪時，阿米才會出現在附近。我們幾乎不知道牠平常都在哪裡、做些什麼。幾乎不透露自己生存情報的阿米，會是牠抓花了沙發嗎？

第四個嫌疑犯：阿銀

　　阿銀是四隻美短中最活躍的一隻，經常可以在醫院的各個角落看見牠。但我從來不曾在沙發附近看見過牠，常在冰箱上方溫暖處睡覺的牠，怎麼可能跑到休息室去抓花沙發呢？我覺得阿銀是這些貓咪裡面最像我的一隻，實在不可能這麼做。

　　這一個星期以來，我的好奇心就像開往世界盡頭的火車一樣瘋狂奔馳。一直到沙發的其中一面變得殘破不堪，我才終於決定在醫院內安裝監視器來一探究竟。從監視器看來，所有的貓咪都相當平靜。影像裡的孩子行徑就跟我平時觀察的一樣，每隻貓各過各的，也沒有任何一隻貓在沙發附近閒晃。

WANTED

ARMED AND LOVELY

姓名：探戈
活動地：櫃台
武器：懶惰

REWARD 貓肉泥100個

WANTED

ARMED AND LOVELY

姓名：ZICO
活動地：診間
武器：肚肚

REWARD 貓肉泥100個

WANTED

ARMED AND LOVELY

姓名：阿米
活動地：不明
武器：隱身術

REWARD 貓肉泥100個

WANTED

ARMED AND LOVELY

姓名：阿銀
活動地：到處都是
武器：管很寬

REWARD 貓肉泥100個

18

然而隨著夜幕低垂，打破這片和平的事情也終於在深夜上演。值夜班的護理師之外的其他人都下班後，貓咪們雖然都還是待在平常的活動範圍，卻展現出與白天截然不同的一面，景色也為之一變。平日待在休息室裡，久久才會動一下、彷彿連撐起身體都有困難的探戈，在夜晚就成了貓跳板＊探險家；白天忙著吃東西的阿米，則佔領了探戈原本躺著的地方開始睡覺；總是喜歡在休息室裡翻肚的ZICO，則跑到休息室沙發旁的窗臺上，專注盯著往來的車燈亮光。接著傳來了抓沙發的聲音。我見到阿銀忙著抓沙發的模樣，想著「抓到了，就是你！」心裡同時又有種懷疑成真、被狠狠背叛的感覺。

　　抓沙發抓得很起勁的主謀雖然是阿銀，但其他貓咪也不是完全沒出手（正確來說是前腳）。貓咪們會在沙發四周繞來繞去，不時嗅個幾下，也會做出抓沙發的動作；但沒像阿銀那樣積極享受就是了。

＊ 裝設在牆壁的水平或垂直的踏板，可以讓貓咪的活動空間更加豐富。

狗到了一個新的地方，會為了留下自己的痕跡而尿尿，這種行為稱為「做記號」（Marking），而貓的做記號方式就是「抓」（Scratching）。貓咪會透過抓某些東西，來展現自己的痕跡與魅力。但為什麼貓咪跟狗狗不一樣，選擇用這種抓的行為來表現自己呢？

原因就在於「費洛蒙」。談到貓咪，就不能不談到費洛蒙，這是貓咪用來留下痕跡的一種特定氣味。費洛蒙來自與貓爪相連的貓掌前端以及雙頰、下顎。尤其是抓這個動作，可以促進貓掌分泌費洛蒙，讓四周的貓咪知道自己的存在。因此對貓咪而言，抓東西同時也是一種留下費洛蒙的行為。

貓咪會儘可能在高處抓東西，好展現自己是塊頭大又有魅力的存在。如果是街貓，則會儘可能展現自己塊頭有多大，而在樹木的高處留下抓痕。以阿銀的情況來看，牠就是把這張沙發當成是凸顯自己存在感的地點。

不過貓咪會抓東西，也不只是為了留下費洛蒙或自己的痕跡，牠們也會抓東西來轉換心情。遇到某些尷尬或是丟臉的情況時，人類會怎麼做呢？會搔頭、咬指甲，或者是眼珠子轉個不停，貓咪則是會以抓東西來表達類似的情緒。例如想找你玩但卻被忽視，或是打獵遊戲最後失敗，因為丟臉需要轉換心

情的時候，牠就會轉而去抓貓抓板，以整理並轉換自己的心情。

抓這個動作可以幫助牠們活動。貓咪一天會睡上16個小時，為了放鬆肌肉，會很需要伸展。萬一睡醒時附近沒有貓抓板呢？那牠們就會去找能夠幫助自己活動的東西——例如你的沙發、家具或是餐桌。所以貓抓板必須擺在貓咪睡覺的地方附近，你可以多準備幾個貓抓板，睡覺的地方附近至少要擺一個。

對貓咪而言，抓東西是一種神聖的儀式。如果你不瞭解這點，卻責怪貓咪為什麼要弄壞寶貴的家具、衣服或窗簾，不妨想想這就像是你想活動筋骨、搔搔頭，或是穿上華麗的衣服想展現魅力時，卻被批評一樣。對貓咪而言這樣的行為很自然，如果因為這些事情被罵，貓咪就會覺得自己受到嚴重的干涉。

飼主應該要細心準備貓抓板，讓你的貓咪可以好好完成「抓」這個行為。先瞭解你的貓咪平常都睡在哪裡＊，還有牠主要都在哪裡玩耍，然後再把貓抓板放在附近。此外，在貓眼中極具魅力的沙發、原木餐桌等，也都要配置真正的貓抓板。除了水平的抓板之外，最好也要準備可以讓貓充分展現自我的垂直抓板。貓抓板有可以黏在牆壁上的類型，也有正方形的抓板，貓跳臺上的抓板也可以改成垂直方向，建議可以設置在貓常出沒的地方。

　　如果是多貓家庭，貓抓板則要配置在主要空間；簡單來說，就是要放在讓所有貓咪可以一起玩、可以受到注意的空間。準備數量充足的貓抓板，才能防止自己重視的家具或物品受到貓咪的抓抓攻擊。

＊ 貓有在好幾個不同地點睡覺的特性。

得知犯人是阿銀後，我趕緊在沙發附近弄了好幾個垂直的貓抓板、自動飲水器，以及可以蹭毛用的拱門蹭毛刷。雖然結果不能說是完全理想，但總之沙發的受損程度大幅下降，讓愛惜家具的我也不再那麼擔心了。垂直貓抓板當中最高的那個，留下了阿銀深深的爪痕，我一方面覺得「你真的很想要受到關注耶」，另一方面也有一種為人父的滿足感呢。

沒事幹嘛去
聞襪子

#裂唇嗅反應

　　我們常常看到貓咪聞了襪子之後，嘴巴開開發呆的樣子。有人說那是因為襪子臭到貓都震驚了，但真的是這樣嗎？

　　貓咪在接觸到新事物的時候，通常會以嗅覺去了解對方，同時也會用上顎的「鋤鼻器＊」仔細地分析這個味道。

　　鋤鼻器跟貓咪的生存能力密切相關，母貓在分析公貓的小便時，也會用到鋤鼻器這個器官。

＊ 狗也有鋤鼻器，但貓的鋤鼻器比狗發達六倍。

公貓的尿中含有「貓尿氨酸」這種氨基酸物質，母貓會透過分析這種物質來決定哪隻公貓適合作伴。分析貓尿氨酸是貓咪尋找伴侶時非常重要的過程。就像人們會透過對方的人品、外表、財力、能力等來判斷自己的意中人，貓則是因為有鋤鼻器，所以只要一滴對方的尿，就可以靠著分析氣味來決定一切。

　　由於鋤鼻器的所在位置，所以利用鋤鼻器來了解特定氣味的時候，貓就不得不張開嘴巴。那個樣子稱為「裂唇嗅反應（flehmen response）」，因為看起來像在笑，所以又稱為「貓咪的微笑」，如果飼主不知道有鋤鼻器的存在，很可能會疑惑「貓咪為什麼突然嘴巴開開？」無論知不知道這個器官的存在，這時候貓咪的表情都很可愛。

　　如果貓咪來到你的附近，發現新的味道而去聞，聞到一半嘴巴張開的話，就是為了分析飼主身邊陌生的味道。

　　如果試著讓貓咪去聞從沒聞過的陌生公貓味道，貓咪肯定會為了分析味道而大張嘴巴，並且瞪大眼睛。牠們有很高的機率會想著「這是我這輩子從來沒聞過的味道，到底是什麼呢？」貓咪的舌頭會縮進嘴裡，將這種新鮮的味道傳送到位於上顎的鋤鼻器，叫大腦「準確分析這個新出現的味道」。因為鋤鼻器以及忙著分析氣味，大腦會忙著活動，嘴巴也會自然張

開。這三個器官可說是三位一體，裂唇嗅反應也是貓咪最迷人的模樣之一。

　　如果不是多貓家庭，貓咪就會更常對飼主展現出這樣的一面。飼主下班後如果穿著臭襪子回家，貓咪就更會如此。如果貓咪想認真嗅聞並分析襪子上新的味道，飼主就有幸一窺貓咪裂唇嗅反應的模樣了。

「貓兒洗臉」
應該是讚美

你的貓咪最擅長做什麼事呢？

如果這樣問，大多數的貓奴都會說「睡覺」。我們的貓主子一天要睡上15小時，甚至還有人說貓咪絕對不會失眠。第二多的回答應該是「理毛」，簡單來說就是洗臉和洗澡。

「貓咪因為太討厭洗澡，所以才要自己洗嗎？」

俗話「貓兒洗臉」有做事草率的意思，但貓咪難道真的只是隨便洗洗、虛應故事嗎？在我成為貓咪專科獸醫之後，終於可以告訴大家：沒有比貓更愛乾淨的動物，貓咪理毛可是一種超級認真的清潔行為。

跟大家的認知不一樣，貓咪梳洗自己，也就是理毛時，其實投入了大量的誠意與努力。。如果看過貓在理毛的樣子，應該會對這句話有共鳴。如同我們洗澡時會先抹肥皂一樣，貓咪也會用前腳先沾上對牠們等同肥皂的唾液。貓咪的唾液有中和酵素，可以降溫或是去除沾附在毛上面的灰塵。牠們會用前腳在臉的周圍掃過，將沾附在毛上的灰塵或是髒東西清除；然後再讓前腳沾滿唾液，從肩膀開始到身體、尾巴，慢慢地完成理毛這件事。貓咪乾淨俐落地完成理毛作業後，就像剛洗完澡的人皮膚會散發光澤一般，牠們的毛色也會更亮。

　　為什麼貓要這麼認真理毛呢？只要想一下貓咪獨立狩獵（solitary hunter）的特性，應該就可以理解了。因為貓咪是獨自狩獵，所以非常忌諱留下自己的痕跡；狩獵時要隱藏自己、悄悄靠近獵物，必須不留一絲痕跡才行。

　　狗狗舔過東西之後會留下痕跡，貓咪舔過的東西感覺會完全不一樣。貓舌上有稱為乳突（papillae）的構造，被碰到時會有一種被砂紙輕輕滑過皮膚的感覺。貓咪唾液中的中和酵素和舌頭上的乳突，可以讓牠們輕輕鬆鬆清理掉自己的任何痕跡。不同於狗是雜食性，肉食性的貓咪再吃肉的時候也能仔仔細細地舔乾淨，不留任何骨頭和肉屑。

由於這些乳突是順著喉嚨方向長，因此貓咪無法將一次吞下去的食物在吐出來。這也是為什麼貓咪在玩線或繩子時，不小心吞入異物而送醫的情況會比狗多上許多。因為貓咪無法光靠嘔吐把異物吐出來，所以若是異物黏住或進入小腸，造成腸道堵塞，那就必須要動手術。這樣的構造在理毛時雖然可以帶來很大的幫助，但也可能會因此造成生命危險，這點飼主必須要多留意。如果懷疑貓咪吃下食物以外的異物，那一定要把牠的嘴打開來確認看看。如果有線纏在裡面，那就絕對是緊急情況。

　　確認貓咪的健康狀況時，首要就是注意臉部的清潔狀態。理貓是貓咪最基本的自我管理行為之一，所以貓咪的臉如果很髒，就代表牠已經沒有力氣去維持清潔了＊。健康的貓咪會將維持清潔做為要務，無法忍受身上有貓毛打結等情況。

　　所以在領養貓咪時，如果發現牠的臉和耳朵看起來都很髒，最好馬上帶貓咪去動物醫院看診。

＊ 通常是因為罹患呼吸道疾病，導致有眼屎或是鼻涕等問題。再加上貓很容易感染耳疥蟲，如果有很多耳垢的話，就表示有可能感染了寄生蟲。

貓咪一天會理毛很多次，最多甚至會超過十次。你不需要擔心「我的貓是不是有潔癖」，理毛的原因不光是前面所說的維持清潔，同時也是一種轉換心情的方法。跟清潔時不同，貓咪有時候會只舔特定的部位。但這種行為一旦愈來愈嚴重，進而導致特定部位掉毛，那就要仔細觀察貓咪是不是承受了什麼壓力。要是再發展下去，貓咪可能就不只是舔毛了，而是會用牙齒去把毛給拔下來。

　　貓咪比任何動物都愛乾淨，所以我希望大家可以把「貓兒洗臉」當成是與清潔有關的最高等級稱讚用語。

愉快的
貓跳板

#垂直生活

　　身為貓奴，當然會想為貓咪打造更適合的環境。沒有什麼事情，比想像貓咪待在理想環境中的滿足模樣更加令人喜悅。但期待貓咪更加幸福的同時，我卻也變得更加敏感。這是在我們整修動物醫院時發生的事。

　　「請把這個安裝在那邊，要注意一下位置。」

　　因為動線不如預期，所以我就比較強硬地對裝修的師傅說出我的要求。

　　「這裡的結構比想像中的更突出一點，不知道貓會不會喜歡。」

接著師傅又補上一句説這樣的設計很特別，第一次看到有動物醫院裝貓跳台。

　　動物醫院就是醫院，並不是適合貓生活的環境。整間醫院裡原本只有一個老舊的貓跳台。在開院第五年時，我終於下定決心，要送給包括阿銀在內，所有住在醫院裡的貓咪居民一組「貓跳板」。

　　這種貓跳台，可以説是貓跳塔、貓樹的擴大版。貓跳塔、貓樹都只是單純的垂直跳台，但貓跳板就是將好幾個跳板，以垂直、水平的方式連接在一起，這樣貓咪不但能夠往上跳，更能夠沿著這些跳板在醫院大多數的空間內自由活動。即使是對貓咪來説有點窄小的套房，也可以藉由這種垂直與水平跳板來擴充活動空間，讓貓咪有足夠的地方可以活動。只要有幾個跳板或書櫃能讓牠們往上跳就行了。

　　醫院整修時，我每次都會先關心貓跳板的安裝進度是否順利。我所繪製的貓跳板是這個樣子的：起點從休息室開始，一路往上到醫院的天花板，然後通過診間前面的牆壁；終點設置在多功能室，貓咪可以在那裡吃飯或休息。

　　我每天都在思考，要如何在起點的休息室和終點的多功能休息室配置貓砂盆、貓抓板，以及飼料碗和水盆。但裝修的師傅卻對此感到擔心。我煞費苦心的設置了貓跳板，當然也會

擔心如果貓咪根本不愛用，讓跳板成了閒置的蚊子館該怎麼辦。但我很確定，只要能讓牠們感覺到高的地方「不可怕」，那醫院的孩子們就一定會喜歡這個貓跳板。

萬眾矚目的貓跳板啟用的那天，阿銀和阿米這幾個孩子對全新的醫院感到陌生又新奇，豎著飛機耳四處聞來聞去。用身體去磨蹭好幾個角落，透過這樣的行為努力認識這個空間＊。這是個樂觀的訊號，牠們開始在這個新設置的貓跳板上小心翼翼地活動著。

正當我想著「沒錯，很好，那裡是個好地方！醫院的休息室看起來更明亮了，窗戶也很大，光是看看從外頭經過的車子，時間就不知不覺過去了」時，阿銀已經爬到最高處了。

＊ 貓咪會去磨蹭新東西，是為了讓東西沾上自己的費洛蒙，努力讓自己能儘快把這個空間變成自己所熟悉的空間。

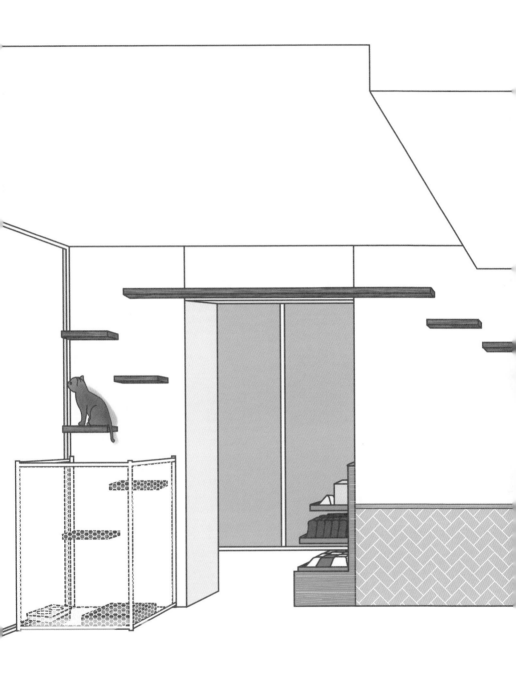

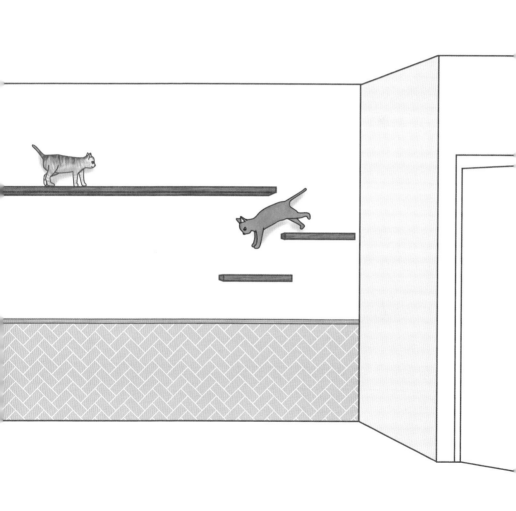

看著收攏後腳、挺直身軀望著我們的阿銀，令我感到相當滿足。

然而跳板之間的空間稍嫌不足，使得牠們在沿著跳板移動時看起來不太順利。我感覺牠們要用到類似體操的技巧移動，才有辦法通過。我看著開始猶豫著要不要繼續往前的阿銀，覺得果然還是要提供一些讓牠們能鼓起勇氣探險的東西才對。所以我剝了一點阿銀最喜歡的雞胸肉放在各個跳板上。阿銀會因為這樣就繼續向前進嗎？醫院裡的所有人都屏氣凝神地等待這一刻。

隨著「喵～嗚」的叫聲，阿銀開始俐落地在狹窄的跳板間移動，讓大家都「哇」地驚呼了出來。果然食物還是最有用。牠一邊移動，一邊吃掉每塊跳板上的食物，終於抵達終點。阿銀認真理完毛後就又爬上貓跳台，找了個舒適的位置開始打盹。

貓也跟人一樣，面對新事物會感到害怕。這時候牠們可能會積極探險、適應新環境，也可能會乾脆放棄。為了讓牠們可以更積極，就需要賦予牠們動機，這時候最有效的當然還是食物。

很多貓奴都會抱怨，為了家裡的貓咪花大錢買昂貴的貓跳板或是新的玩具，但卻絲毫無法引起牠的興趣。這是因為牠

們完全沒有對這些事情產生興趣的動機，所以才會毫無反應。阿銀也是因為有了雞胸肉這個動機，才會一步一步地走過每一塊跳板。也因此，雖然空間的大小沒有改變，但貓咪的活動範圍反而更大了。

如果你在煩惱要如何布置與貓咪共同生活的空間，那我推薦你到Google搜尋「cat interior」。利用跳板拼成的貓跳板、運用書櫃做成的圓形隧道等等，可以找到很多適合各種房子與公寓的裝潢訣竅。尤其是多貓家庭，可以垂直、水平移動的貓跳台，能夠有效減少貓咪之間起爭執的機率。

貓跟狗不同，可以用垂直的方式來分配空間，就像把牠們分別養在一棟多樓層的公寓裡一樣。只要擴充垂直空間，貓咪就能有更多各自的空間；只要減少貓與貓正面對決的機會，就能大幅多貓家庭中貓咪起爭執的機率。

第一個踏上貓跳板的阿銀後來怎麼樣了呢？每當我看診時，牠就會靜靜坐在上頭看我；或是待在休息室明亮的窗邊，靜靜看著熙來攘往的人群。

但牠還是有自己最喜歡的地方，那就是治療室裡面的冰箱上。醫院的藥材室與治療室之間，有一個保管醫藥用品的大冰箱。阿銀會踩過藥材室的桌子，爬上冰箱的最上層，在這裡打發白天大多數的時間。牠會用一副內心安穩、屁股也很溫暖的幸福模樣從冰箱上低頭看向我，就像在告訴我，貓跳台才沒有冰箱上溫暖呢。

貓眼的神祕真相

問題 1. **貓咪的視力比人好嗎？**

動態勢力（觀察移動事物的視力）比人好 4 到 5 倍，但靜態視力（觀察靜止事物的視力）大約只有 0.2 到 0.3 而已。

問題 2. **街貓與家貓的視力有差嗎？**

街上的貓很可能有遠視，家貓則很可能有近視。外頭的街貓為了生存，必須要能更快確認、判斷遠方的物體，所以自然會有遠視。相反地，家貓則是由飼主餵食，不需要常注意遠方的物體，自然就成了近視。

問題 3. **貓咪的世界是什麼顏色呢？**

貓咪無法分辨紅色，所以紅色系的東西，在牠們眼中看起來都是灰色的。晚上閃閃發光的華麗燈光，在夜行性的貓眼中也是灰色的。

問題 4. **貓一隻眼睛可以看到多大的角度？**

人的話大約可以看到 210 度，貓咪則是用裝了 285 度廣角鏡頭的眼睛在看世界喔。

等待，
直到可以控制情緒為止

「你怎麼又在那裡？真是的！」

「喵嗚～」

醫院裡有間更衣室兼多功能室，有個傢伙會一天到晚待在裡頭，牠就是原子。為了這傢伙，員工們甚至在更衣室裡放了貓砂盆和貓抓板；考慮到牠不太會離開這個地方，還放了毯子。牠這次就是窩在那，露出一張臉罕見地跟我打了招呼。

原子來到這間醫院，大約是兩年前的事情。當時是一位要帶兩隻西施犬來做健檢的飼主，在路邊發現了這隻貓。偶爾會有人在路上發現生病的小貓後送來醫院，但大多數的動物醫

院都會在簡單治療後把小貓原放，這樣原本帶小貓的母貓才會願意繼續照顧。很多人常誤以為，如果把生病的街貓帶到動物醫院，醫院就會免費治療，或是幫忙把貓送到流浪動物之家。但這就像在路上撿到一個哭泣的小嬰兒，送到醫院後要求免費治療，或是請醫院把嬰兒送到托育設施一樣。從現實層面來看，一般動物醫院要負荷這種事情其實有困難。即使要進行完整的治療，也要等到飼主真的決定要領養後才能進行。也就是說，即使你只是決定要暫時照顧這個孩子，也還是得負起責任；因此在下決定之前，一定要好好考慮到未來如何照顧。「撿貓*」其實是會伴隨許多責任的**。

我們再回去看當時的情況吧，因為飼主表現出要負責到底，希望醫院幫忙治療的意願，所以就先由醫院來幫忙照顧。飼主還幫牠取了「原子」這個名字，希望牠能夠像原子小金剛一樣，在任何環境下都能保持堅強。就這樣，原子在醫院接受一週的治療與照顧後，某天前來探視的飼主小心翼翼地對我

＊ 我個人不喜歡這個說法。「撿」這個用法感覺很不尊重貓，而且感覺也很不負責任。我覺得「領養」是比較好的說法，不知道各位怎麼想。

＊＊ 80～87頁會詳細說明，敬請參考。

說：

「很抱歉，但能不能由醫院領養牠呢？」

可能是因為真的很抱歉，所以飼主也沒能好好看著我，說話的時候只是一直看著診間的書桌。

「原子接受了一週的治療，已經慢慢恢復健康了；接下來只要再治療一週，就能完全復原，也可以跟您一起回家生活了。」我解釋道。

當時我診斷原子罹患的是貓泛白血球減少症病毒*，並積極為牠治療。這種疾病的預後情況很難預測，死亡率也非常高，而且治療費用相當可觀，無法只靠同情來處理這筆費用。但飼主很有責任感，剛帶牠來的時候也強烈表達了領養意願，請我們盡全力治療牠。幸好原子的恢復速度很快，我個人也很期盼牠能快點跟著飼主展開新生活。

飼主說「我一直很煩惱，但如果要領養貓的話，實在沒有信心能把牠照顧好……」其實飼主這麼明白地表達自己的心境，反而是一件好事。如果本身狀況不好又沒有信心的話，確實不要領養比較好。

---

* 主要症狀是嘔吐與腹瀉的傳染性病毒。

因為知道飼主是百般思量後才坦白自己的想法，所以我也更沒辦法板起臉來跟他說話，可能是因為我深知原子完全康復之後，需要一個能夠給牠幸福的地方，那一瞬間促使我把心裡的話說出口。

　　「不要這麼抱歉，我了解您的想法，我會先把原子治好，之後就讓牠在醫院生活吧。」

　　聽到我的回答之後，飼主的表情馬上變得明亮起來＊，平時以理性自居的我，居然變得這麼感情用事又衝動！

　　就這樣，原子成了在我們醫院生活的貓。但因為是感染貓泛白血球減少症病毒的帶原貓，所以有很長一段時間都待在留院觀察室裡。

　　因為這是一種傳染性很強的病毒，為了避免傳染給院中的其他貓咪，所以一直讓牠過著隔離生活。

　　康復之後離開留院觀察室的原子，選擇了醫院裡的多功能室當作活動空間。超級害羞的牠，好像只把多功能室這個地方當成是自己的活動範圍。治療過程中不得不將牠隔離，也使得原子想要隱身在角落，這讓大家都覺得很可惜。貓咪需要可

＊ 當然，一直到原子康復為止，飼主在物質與精神上都提供很多幫助。

以整理情緒的空間，所以一直待在多功能室裡，就表示原子至今還是感到很害怕。我們也都很清楚，必須像如履薄冰一般，小心翼翼地靠近原子才行。

　　從原子病重的那段時間，盡心盡力照顧牠的護理師開始，醫院的職員們都慢慢跟牠建立起關係。最後是身為主治醫師，最常為牠治療，也最讓牠感到害怕的我。我一直等了兩年，才等到能讓原子敞開心扉的機會。多少有點緊張的牠，花了兩年的時間才對我發出「喵」的叫聲，聽起來就像是「哼，本來以為你很可怕，原來只是在幫我治病而已」。我小心翼翼地摸了摸原子的頭，然後又聽到牠再度「喵」了一聲，把頭往我的手掌心靠了過來。原子能夠留在我們身邊，真是太令人感激了，我喃喃地説著。

milkümilkü

2

貓咪的語言

尾巴的高低，
情緒的起伏

#尾巴的語言

　　如果説人是用眼睛或聲音來表達心情，貓咪就是用尾巴來表達心情。因為牠們用尾巴所傳達的情緒，多過世界上任何一種動物，所以我們在看貓的時候，首先必須要看牠們的尾巴。貓的尾巴有18個尾骨、32條肌肉，用這樣的尾巴所做出的情緒表達，遠比人類來得細膩且直率。

　　尾巴的方向大致可分為三種：尾巴直立的時候、尾巴與地面平行的時候，以及尾巴朝下的時候。更仔細觀察，則可以讀出12種不同的情緒表達＊。

＊ 用「讀」這個說法，或許可以說是一種人類面對貓的傲慢。有可能是我們覺得貓
　 只有辦法表達12種情緒，所以才會這樣說。

如果一隻貓咪相當有自信，那牠的尾巴就會一直呈現直立的狀態。如果尾巴的末端朝向貓前進的方向，就表示牠非常有自信。阿銀的尾巴總是立得直挺挺，而且是朝著牠面對的對象，這表示牠可以親近任何人，也不會對初次見面的貓產生戒心。

　　如果貓咪的尾巴末端朝向你，百分之百是代表好感。就像走在街上偶然遇到朋友，對朋友揮揮手打招呼一樣。如果是朝著反方向，則像是遇見了久違的同學，對長相感到有點陌生，在猶豫到底要不要伸手打招呼。但總之，尾巴如果是立起來的，就是屬於好感的象徵。而究竟是充滿自信的開心，還是有點懷疑的開心，那就要看尾巴末端的方向而定。

　　如果貓咪的尾巴放下，只有末端動來動去，則代表牠正對你感到好奇。即使沒有看著你，也非常在意你。因為牠們會很在意飼主的每一個動作，所以只要稍微靠近，貓咪就會輕易發現並立刻做出反應。尤其當貓咪背對著你，耳朵卻朝著你的方向豎起，尾巴放下但末端不斷抽動的話，就更是如此。

如果把尾巴捲起來藏在肚子底下，就表示牠超級討厭你，想把身體縮起來。這是在表達「我討厭你，希望你不要再靠過來」的意思。尤其當貓咪被逼入絕境，或是待在陌生空間的時候，不安與緊張的感覺會迅速升高，就更容易擺出這個姿態。

　　會做出把尾巴往肚子方向收的行為，是想要用尾巴來保護自己最脆弱的部位。這時候比起不知好歹地一直去逗弄貓咪，還是選擇暫時離開讓貓咪獨處，幫助牠們放鬆心情會比較好。

　　如果尾巴鬆軟地下垂呢？尤其在多貓家庭中，常會看見某隻貓尾巴軟軟地放在地板上，但耳朵卻立起來的樣子。飼主很容易覺得這個姿勢代表牠們很放鬆，但其實這是個準備攻擊的姿勢，就像是在拳擊場上，拳擊手會放掉全身的力氣來欺騙對手一樣。擺出這個姿勢的貓，可能會瞬間朝經過旁邊的另一隻貓飛撲過去。

所以如果看到貓咪擺出這個姿勢，就要知道等等可能會有一場大戰，最好盡快將牠跟其他的貓分開。因為是大戰的前兆，所以應該要積極介入以阻止這場爭吵。這時候應該用棉被之類的東西把貓蓋住，然後再把貓帶開，避免飼主自己受傷。

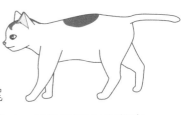

　　有些貓的尾巴會與地面保持平行，非常匆忙地步行，這是能夠迅速轉換姿態的姿勢。這表示牠們相當注意周遭的情況，能夠很快地立起尾巴，向對方展露自信；或是在遭遇危機時，迅速把尾巴捲起來保護自己。。這種姿態，通常會在平時於家中散步的貓身上看到。這時候最好靜靜地看著，讓牠們自己走個夠。

　　你有時會看到貓咪把身體弓起來，尾巴又舉高的樣子，這是想要恫嚇對方的行為。會拼命到連毛都豎起來，想讓自己的身體看起來更加龐大，一方面也是因為牠覺得「你很可怕」。這時候繼續待在貓咪面前，就絕對不會有什麼好事。總之先離開現場，等牠冷靜下來才是最好的選擇。

你是否有把貓咪獨自留在家好幾天，或是交給別人照顧一陣子之後，再與貓咪重逢的經驗呢？這時，如果貓咪是舉著尾巴甩個不停的話，就表示牠在超乎想像的思念中度過每一天。貓對特定對象表達喜悅的方法，就是把尾巴舉起來甩個不停，如果遇到貓咪擺出這種姿勢，就更應該要好好疼愛牠喔＊。

　　對貓咪而言，尾巴的末端就是牠們心之所向。如果貓咪將尾巴末端朝著你，那即使你們是初次見面，也可以緩慢並小心翼翼地靠近牠；但如果貓咪將尾巴末端指著跟你相反的方向，那就請別太過急躁。太過急躁的話，尾巴可能會離你愈來愈遠，最後甚至藏起來喔。所以最好要耐心等待，直到貓咪對你卸下心防為止。

＊ 當貓咪表達愛意時，飼主也要滿懷愛意地好好摸摸牠，讓貓咪多分泌一些費洛蒙，也讓貓咪可以把費洛蒙留在你身上。

貓咪想説
的話

#聲音的語言

　　貓咪會經常彼此對話嗎？其實貓與貓之間不太會説話，牠們反而喜歡跟人對話。尤其在多貓家庭，如果仔細觀察貓咪的樣子，就會發現牠們發出的聲音，大多都是在跟貓奴説話。

「喵」＝「我在這裡！」

　　説到貓，我們心裡會立刻響起「喵」這個狀聲詞，但貓咪彼此之間溝通時，其實幾乎不太會發出「喵」這個聲音。

發出「喵」這個聲音，是藉著模仿人類的反應所發出的聲音。一般認為，貓跟人類有著共通且十分發達的語言表達方式。

「喵」是表現「我在這裡」的意思，用「這裡、在這裡！」這種方式，就像我們走在路上向遠方的朋友揮手、開心問候彼此的感覺。

如果像「喵喵」這樣重複好幾次，就是一種嘟囔的表現。是「看一下這裡」「我告訴你我想要什麼」的意思。通常是在提出「幫我開門」或「給我吃的」，再不然就是「更用心摸摸我」之類的積極要求時，貓咪才會發出這類的聲音，而且會一直重複叫到你聽牠說話為止。尤其是在說「幫我開門」的時候，貓咪會用吼叫的感覺，發出長長的「喵～～～」。

顫音＝「好期待」

心情好的時候也會發出特定的聲音，那就是咯咯的顫音（thrilling）或嘰嘰喳喳（chirping）的聲音。這種很有節奏感的聲音，大多都是在貓心情好的時候出現，當人做出讓貓咪滿意的行為時，貓咪也會發出這個聲音要求人多做一點。在多貓家庭，如果孩子們一直不停發出這類的聲音，就代表你讓牠們很幸福。

呼嚕聲＝「想再跟你靠近一點」

貓咪獨特的「呼嚕聲」，是狗絕對發不出來的聲音，如果親耳聽到這種聲音，可能會沉醉其中，陷入貓坑也說不定。這種低音會有節奏地重複，聽的人會覺得心靈得到療癒，也有報告指出這樣的聲音確實能夠幫助人減輕疼痛。

貓咪對飼主產生信賴感的時候，通常就會發出這個聲音，貓奴們應該都有聽過趴在自己膝蓋上的貓咪發出呼嚕聲吧。這是牠在表達無限的信賴，也想跟你再親近一點的意思。

貓在經歷生產的痛苦，或是貓生即將畫下句點的時候，也都會發出呼嚕聲。

哈氣＝「好可怕！」

另一方面，貓咪感到害怕時發出的防衛性聲音，就是俗稱的「哈氣」。當你深夜一個人走在黑漆漆的路上，感覺好像有人跟在身後，就會感到害怕並加快腳步。身體變得僵硬、脖子後方會冒冷汗，因為害怕發抖而發出的聲音，跟貓咪哈氣的行為非常像。如果貓咪經常發出這個聲音，就表示牠非常具防衛性。

低吼＝「我不會再容忍你！」

如果説哈氣是最低層級的防禦行為，那發出「低吼」就是攻擊的訊號。意思是「我已經説不要過來、不要碰我了，如果你還是不聽我的話，這就是我攻擊你之前發出的最後警告」。「低吼」已經超越了防衛性的訊號「哈氣」，升級到積極採取攻擊的訊號了。

如果不把這訊號當成一回事，貓就會用前腳對你使出「貓貓重擊」，會像成語「迅雷不及掩耳」那樣，在剎那間對你施展攻擊。遇到這樣的情況時，就千萬不要再去碰貓了，如果去刺激牠，只會讓自己手上留下清楚的爪痕。

貓的害怕表現，可以用3F來定義。看不到任何行動、連呼吸聲都聽不到的樣子，就是3F當中的靜止（Freezing）＊；接著就是逃跑（Flight）或對抗（Fight）兩者擇一，是指貓咪在靜止不動的期間，會打起精神來掌握狀況，決定是要逃跑還是攻擊＊＊。

＊ 尤其是來醫院看診的貓，大多數都會選擇3F中的「Freezing」，飼主看到這種情況，時常會誤會成「我家的貓咪很乖」。

＊＊ 並非所有的貓都會依照這個順序來表達害怕，也有不會停住，選擇直接逃跑或是對抗的貓。

考量到3F的行為模式，貓咪如果哈氣，其實就是發出「住手」「不要過來」的警告。千萬不要只是覺得「原來這是牠想攻擊我的意思」，可以的話最好趕快離開現場。貓咪可能隨時會對你低吼或是朝你飛撲過來，千萬不要傻傻地去刺激牠。

嘎嘎叫＝「好可惜……」

　　跟貓咪長時間生活在一起的人，偶爾會問說「我家的孩子有時候會磨牙齒，嘴巴開闔開闔動個不停，這是為什麼呢？」如果反問「是不是通常都在窗邊出現這種行為」時，飼主都會回答說「牠會突然看著窗外做出這個動作，該不會是牙齒有問題還是什麼奇怪的行為吧？」其實大家完全不需要擔心喔，這只是貓在表達可惜的心情而已。

　　碰撞牙齒發出「嘎嘎」聲，好像在說什麼的這種行為叫做「Chattering」。貓是天生的獵人，當牠們無法抓到窗外的獵物，只能盯著獵物看的時候，就會用這種方式來表達可惜。就像我們走在路上，會看著路邊那間早午餐咖啡廳櫥窗裡的美味甜點，感到惋惜一樣。

這是牠們一邊在想「我明明就很會跳」「明明可以用我平時磨尖的鋭利爪子，去玩弄、捕捉那些快速移動的小蟲，現在卻只能在這邊看⋯⋯」一邊發出的聲音。

千萬別誤會了。這種嘎嘎聲跟承受壓力時發出的聲音完全不一樣。貓光是看著獵物，就能夠排解天生的打獵慾望，比起給貓一個完全沒有這類刺激的無聊環境，不如讓牠們待在有一點刺激性，能夠排解這類慾望的環境比較好。

認為貓比人類單純只是一種偏見，畢竟貓可以做出這麼多種表達。比起單方面覺得牠們可愛，一個勁地只想撫摸牠們，不如好好地關心貓咪們究竟想説些什麼吧。只要積極跟貓咪溝通，你也會在不知不覺間具備理解貓語言的能力喔＊。

＊我特別會模仿貓的「哈氣」聲音。

隨心情改變的
貓鬍鬚

　　兩邊各12根、總共24根的鬍鬚，是貓咪用來表達情緒的管道。我們通常只會把嘴巴旁邊的當作鬍鬚，但其實貓咪的眼睛跟前腳的後面也都有鬍鬚。如同世界萬物的存在都有其道理，這些鬍鬚也有各自的用途，所以才會分別長在嘴巴旁、眼睛旁和前腳。

　　貓是遠視，所以看不太清楚近的東西。你可能會訝異「奇怪，牠都可以因為看見飛得超快的昆蟲而激動，為什麼會看不清楚近的東西」，但這是真的，而且這也是貓的鬍鬚之所以重要的原因。

69

貓的鬍鬚長度是其他毛的兩倍，厚度則是三倍，可以更細膩地感受空氣的變化，比其他的毛更發達，通常是扮演辨識空間和事物的角色。

　　首先，貓咪會透過眼睛和嘴巴旁邊的毛，以自己為中心繞著一個假想的圓去感受空間的大小。體型大的貓會比較困難，但一般體型的貓可以透過鬍鬚來感受空間的大小，以及自己能否通過這個地方。

　　前腳，正確來說是前腳後方的鬍鬚，又扮演什麼角色呢？貓都是利用嘴巴和腳來狩獵，攻擊人的時候也跟狗不一樣，會先出腳而不是嘴。用腳去抓獵物的時候，如果獵物有動靜，貓就會透過前腳的鬍鬚感受到，然後繼續攻擊，直到獵物完全喪命為止，如果獵物沒有動靜，前腳的鬍鬚就不會感受到任何東西，貓就會判定自己捕獵成功。也就是說，牠們是靠前腳的鬍鬚來確認獵物是否還活著。

鬍鬚也很能表達貓咪的情緒。貓咪嚇到的時候，耳朵會向後翻，鬍鬚也會向後。用玩具引起牠們的關注與好奇時，平時鬆軟朝下的鬍鬚，則會向前30公分＊。換句話說，當獵物或玩具進到距離貓臉半徑約30公分的範圍內，鬍鬚這個生物雷達就會啟動。在連細微震動都能感受到的鬍鬚面前，獵物跟玩具都只能束手無策。雖然聽起來是很了不起的能力，但換個角度來看，這也表示牠們的視力真的很差，所以才會靠鬍鬚這個感應器來彌補。

　　實際上在用逗貓棒跟貓咪玩的時候，仔細去觀察貓臉上的鬍鬚，就可以很容易發現這一點。當你使出渾身解數，變身成各式各樣的昆蟲時，貓臉上的鬍鬚若伸直並朝向你，就表示你成功變成昆蟲了。

＊ 這可以從英國BBC電視台，為了觀察貓鬍鬚而拍的慢動作影片中確認。

相反地，感覺到舒適、慵懶的時候，貓咪的鬍鬚就會朝著地板。就好像我們結束一天的工作之後，會開著電視癱軟在沙發上一樣。

遇到可怕的情況，或是要從什麼東西面前逃跑之前，貓會藉著讓鬍鬚向後來表達自己恐懼的感受。

貓咪可以透過鬍鬚做出許多不同的自我表達，問題在於：我們時常沒有注意到，無法掌握這一點，而錯過貓咪想傳達的訊號。從現在開始，大家不妨試著注意貓咪的鬍鬚吧。

貓咪的其他情緒表達

貓咪也會用頭的方向來表達情緒。如果貓咪突然轉動頭部，就表示很有可能有牠想避開的情況發生。是代表覺得跟飼主相處很尷尬或很不自在，想要離開現場的意思。

即使牠直直地看著你，還是要仔細觀察瞳孔的形狀。貓的瞳孔形狀（正確來說應該是虹膜）跟人不一樣，可能是直線或是橢圓形。如果虹膜的形狀變細長，且鬍鬚下垂的話，就表示「我跟你在一起，感覺非常舒適滿意」。相反地，如果眼前有類似逗貓棒這類的好獵物，使貓咪進入興奮狀態的話，鬍鬚就會向前伸直，瞳孔也會放大變成圓形。

來自鼻尖的
問候

#問好的方式

「您的手怎麼會那樣？」

一位20多歲的年輕飼主，手上有著大大小小的無數傷痕，到處都是銳利的抓痕與咬痕。

「貓奴應該多多少少都會這樣吧？」飼主認為這是養了三隻貓的光榮標誌，絲毫不在意地回答。貓奴可能會覺得這些傷痕很光榮，但貓造成的傷口會留下疤痕，痕跡很難消失。「我的手不重要，我覺得羅伊最近好像有點敏感。」

「牠對什麼情況很敏感？」

「我或其他家人靠近的時候，牠會逃跑或是對我們哈氣，不知道為什麼會突然這樣……」

對羅伊突如其來的行為變化感到不解，我能夠感受到飼主受傷的心情。

「有沒有拍下羅伊做了哪些行為的影片呢？」

與其只靠飼主說的話來推測，更應該看看客觀的資料來判斷狀況。

「請看一下這個，這是我媽進到家中跟羅伊碰到面的情況。」

影像當中，飼主的母親一看到羅伊，就熱情地對羅伊打招呼，但羅伊的表情卻很不尋常。向後貼緊的耳朵、接連不斷的尖銳哈氣聲，還有出擊的前腳。才不到三秒鐘，羅伊就做出這些反應。

接著，母親做出和羅伊相反的行為，很努力地想要表達親切。像是貓奴們都會做的摸摸、先退後一步然後再伸手靠近羅伊等等。

「這很危險耶……」飼主可能是聽到我這麼說，便立刻回問我說「什麼？」

「您母親又更靠近貓了，但羅伊是在說有什麼事情讓牠覺得不舒服。」

我話一說完，影片中的羅伊更驚恐了。因為飼主的母親坐在一直往後退的羅伊面前，從包包裡拿出長皮夾丟到羅伊前面，像是在說「為什麼不來我這裡」。「啪」一聲掉在地上的皮夾，讓羅伊的耳朵瞬間豎起，開始不斷後退。接著羅伊便立刻用右腳展開攻擊，影片傳出飼主母親「啊」的尖叫聲。

　　「您應該也遇到很多類似這樣的情況吧？」

　　「在給牠點心的時候還沒事，但最近要幫牠把眼屎拿掉，或是想摸牠的頭時，牠會很激烈地反抗，我覺得可能是到了發情期吧。」

　　所謂的發情期就是貓的青春期，很多飼主在描述貓突如其來的反抗行為時，總會用到這個名詞。當然，貓在發情期的時候，個性確實可能會改變。已經一歲多的羅伊會做出這樣的攻擊，的確可能被認為是發情期的異常舉動。但影片中羅伊害怕的表現與攻擊行為，已經充分說明了這並非是發情期造成的問題。

　　「雖然應該不太可能會這樣，但請問您最近有沒有用手去打羅伊呢？類似鼻子之類的部位？」

　　網路上有時會流傳一些錯誤知識，像是要教育小貓就要打牠鼻子之類，以防萬一所以我還是問了一下。

　　「有打過一兩次，因為大家都說要這樣。」

飼主很慌張地回答。

「羅伊應該是因為這樣才會怕人的手，因為你們要摸牠或是抱牠的時候都會伸手不是嗎？」

原本很慌張的飼主，轉而用擔心的眼神望著我，我接著繼續解釋。

「一但羅伊覺得人的手很危險，就會在對飼主的信任與害怕之間搖擺不定，感到混亂。」

「那我的手會一直給羅伊可怕的印象嗎？」

「這倒不會，目前還有轉圜的餘地。首先，您可以用食指試著靠近羅伊。」

「食指嗎？」

這是運用貓咪打招呼的方式來接近貓的方法。貓咪彼此初次見面的時候，會稍微碰一下鼻子來打招呼。但我們無法跟貓互碰鼻子，所以可以用食指的指尖去碰牠們的鼻子來表示親近。

「對，如果用食指靠近牠，還是讓牠感到害怕的話，那就用鉛筆後面的橡皮擦來代替。」

如果對人類的手感到害怕，那很可能也會害怕食指，所以可以用形狀跟觸感都很類似的鉛筆橡皮擦，來扮演類似貓鼻的角色。

當貓熟悉你用鉛筆後面的橡皮擦跟牠打招呼之後，你再換成用食指的指尖就可以了。

　　飼主雖然對貓咪的鼻子問候法（nose greeting）感到半信半疑，但還是承諾會試試看。一星期之後他又來醫院，這次他手上的傷痕倒是淡了不少。羅伊的飼主一見到我，就告訴我貓咪的問候方式真的很奇特，甚至手舞足蹈地說羅伊現在比較少會「哈氣」和「前腳攻擊」了。就這樣，羅伊家恢復了往日的良好關係，過著幸福快樂的生活。

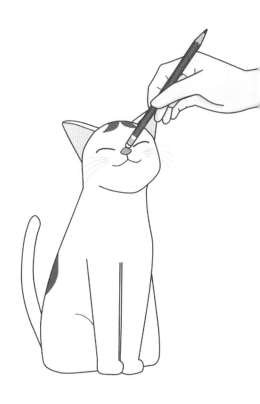

小心、小心
再小心

#心理的距離

「我一直很小心，但實在不容易。」

我的朋友珉宇用擔心的表情嘆著氣說道。

「情況還是一樣嗎？你應該很擔心吧。」我看著他回答。

他的煩惱大概是從一個月前開始的。工作的地方附近有一隻街貓，一直讓他很在意。不知道從什麼時候開始，那隻貓身上開始出現很多傷，眼屎也愈來愈多，感覺很需要治療。他當時還來詢問我如何用適當的方式誘捕街貓，我簡單建議他可以使用貓籠或外出籠。

因為很少有人像他一樣想幫街貓治療，所以我也推薦了一位認識的獸醫給他，為這隻街貓做簡單的處置與檢查。

實際看到珉宇誘捕到的這隻街貓時，讓我嚇了一跳。貓咪橘白斑紋的耳朵底下到處都是傷口，不知道是不是打架的痕跡；眼角也因為撕裂傷而受細菌感染，得了結膜炎。我也另外幫忙檢查了有沒有其他的問題。

「檢查跟治療結束之後，最好把牠放回原來的地方。」

我很擔心珉宇因為同情而一頭熱地決定領養，便忍不住叮嚀。

「但這麼快就把病這麼重的孩子送回街頭，會不會太勉強了？」

珉宇用彷彿已經決定領養的眼神望著我。

「對在街頭出生的孩子來說，一輩子都在街頭生活或許比較好。因為是野生的貓，完全沒有被飼養過，如果貿然把牠帶回家生活，可能會對彼此造成壓力，你最好想清楚。」

我之所以強硬地警告他，大致有兩個原因：首先是貓在出生後的13個星期內，如果都沒有被人的手摸過，那就有可能成為對人有強烈攻擊傾向＊的成貓。再加上我已經看過很多人因為同情而衝動領養街貓，反而讓自己吃了不少苦頭。

＊ 貓具備的幾種攻擊傾向之中，其中一種就是「社會化攻擊傾向」。

「而且你沒養過貓不是嗎？也沒有讀過照顧貓的書，這樣突然領養一隻貓，可能會為你們彼此帶來不幸。」

我想都說到這個地步了，他應該不會還想帶貓回家吧？但治療結束後兩個月，我被珉宇說的話嚇了一跳。他坦白告訴我，那隻貓現在一直待在他家。

「我原本以為只要盡心盡力照顧牠就沒問題，但小紋＊不但聽不懂自己的名字，只要我靠近牠，牠就會躲到角落不肯出來。如果為了確認牠的狀況嘗試伸手摸牠，牠就會對我哈氣，我實在不知道該怎麼做，哥，該怎麼辦？」

「我明明早就跟你說過，野性比較強的孩子，不可能輕易對人卸下心防。」

「我也很難過，雖然下班回家會看到飼料碗跟水盆都空了，但牠就是不會在我面前吃東西。只要我嘗試靠近牠，牠馬上就會對我哈氣。」

我知道珉宇的為難，便拍了拍他的肩膀，決定跟他一起回家，順便看看小紋的狀況。

＊ 這個名字是從「橘白斑紋」這個特徵來的。

說著「你應該看看這兩個月牠變得有多漂亮」的珉宇，儼然成了徹頭徹尾的貓奴，讓我覺得很新鮮，也覺得這樣的他很可愛。

　　珉宇的家這段時間變了不少。窗邊放著看起來煞有其事的貓跳台，還有各個角落的貓抓板……甚至讓我懷疑這真是我知道的珉宇家嗎？他似乎也聽了我的建議去買書回來看，讓我感到莫名滿足。

　　睽違兩個月再會的小紋，躲在床舖旁邊的衣架底下，只露出一張臉。牠就跟珉宇說的一樣，是一隻很美的貓。但看到牠一臉警戒的樣子，我也覺得「確實值得珉宇擔心」。

　　「牠喜歡什麼？肉條還是罐頭？」

　　我小聲地問珉宇。

　　「為什麼要這麼小聲？我有遠遠地給過牠肉條。」

　　「是喔？那你去拿點肉條來。」

　　我依然用很小的聲音跟珉宇說話。

　　「我們先來看看牠會從多遠的距離開始產生戒心。」

　　我一步步地慢慢靠近，並一邊打開手上拿著的肉條。看牠動個不停的鼻子，想必牠也很想念這個味道。原本把前腳藏在身體下面的小紋，稍稍地前進了一些。

我不著急，決定繼續等個一兩分鐘，看看有沒有奇蹟出現。過了三分鐘，原本動也不動的小紋，如履薄冰般地開始向前走。當然，我完全沒有正眼看牠。明顯地，跟牠對上眼的瞬間，牠應該就又會再度陷入緊張。所以我就像顆望夫石一樣，站在原地動也不動地握著肉條，讓小紋可以吃得到。

　　小紋一邊發出聲音，一邊吃著我手上的肉條。我舉起一根手指靠近嘴邊，要開心得不得了的珉宇冷靜，等牠吃完之後再來開心也不遲。如果在這種情況下發出聲音，那會讓對聲音十分敏感的貓咪重新進入警戒狀態，這麼一來所有的努力便化為烏有。我把剩下的肉條放入碗中，然後走到珉宇旁邊，對他說：

　　「這次換你，小心點。」

　　珉宇輕輕地靠近正津津有味吃著肉條的小紋，小紋開始靠近歡天喜地的珉宇，聞了聞他身上的味道。聞著襪子味道的小紋，突然做出了裂唇嗅反應。成功了！這表示牠為了分析新的味道，沒有多餘的心力去警戒周圍了。

　　「我第一次靠牠這麼近，超感動！太酷了！」

　　貓咪的警戒心可是超乎我們想像的，就像打不開的鎖一樣。但貓咪喜歡的零食可以成為鑰匙，如果能夠輕輕地靠近，用那把鑰匙去開鎖，那就有可能看到希望。

85

因為聽覺很發達，所以不能用聲音刺激到牠們，也最好避免用眼睛直視。必須如履薄冰般地小心行動，每天持續努力，才有可能縮短跟貓咪之間的距離。至少要從1.8公尺的距離開始努力。如果想要打開貓咪緊閉的心門，那你就要記得，一定要小心、小心再小心。

令人安慰的存在

「貓自己也可以過得很開心，所以我決定領養貓。」

「貓不會覺得孤單吧，我覺得牠們應該很熟悉獨處。」

上述是很多人選擇貓當寵物的原因，但這其實是誤會。希望大家不要因為貓咪獨自狩獵的生物特性，就誤以為牠們是獨處也不會感到孤單的動物。跟狗會成群結隊出去狩獵、分享食物不同，貓總是獨自狩獵。貓的狩獵，通常都是在很高的地方或是樹叢裡進行，而在這過程中，必須跟漫長的忍耐與孤獨對抗。

人們總是誤會貓很獨立，不像狗那樣需要人更多的照顧，而這樣的忽視累積起來，反而使得愈來愈多的貓咪感到孤單，就像我孤獨的大學時期。

我曾在大學時期獨居了五個月左右，那時我才終於明白，自己有多討厭獨處這件事。上完課回到家後，我會馬上打開電視或收音機，因為那種孤獨的靜默感實在令人難以忍受。就這樣獨居了好一陣子，我在朋友的請託之下幫忙照顧一隻小貓大約一個禮拜。即使我主修獸醫，也很少有機會跟不到一公斤的小貓一起生活。我幫牠取了一個叫「賈許」的洋派名字。賈許跟我一起度過了六天，其中有兩天都在警戒我、從我身邊逃開；接下來兩天牠只要看到我，就會出來討東西吃或是喵喵叫著四處探索；最後兩天則開始積極地靠近我，用身體磨蹭我或是在我身邊睡覺。就這樣，六天很快過去，小貓又回到了原來的主人那裡。

雖然這段時間不長，但賈許離開之後，我才感覺到那個空位有多麼巨大，我的房間裡又再次充斥著寂靜。聲音雖小，但曾經充斥我房間的喵喵聲、吃飯時發出的咀嚼聲，都在不知不覺間撫慰了我的心。

就是從那時候開始，我決定如果要養寵物，就一定要養貓。

　　可以獨處、照顧起來方便，不會為了短暫博取人類歡心而裝可愛，而是會用自己的體溫來填滿我的孤單，我至今仍無法忘記當時共度的那段時光。

3

貓咪的情感

該摸
哪個地方好？

#肢體接觸

「您的貓喜歡被摸哪裡呢？」

每次問到這種問題，飼主十有八九都會回答是肚子＊。因為貓咪常常會在飼主面前露出自己的肚子，感覺就像是在說「來摸摸我這令人垂涎的肚子吧」，甚至會讓人有一種如果不摸那裡，那就是貓奴沒有盡到個人職責的罪惡感。當貓露出有點鼓鼓的小肚子，以嫵媚的姿態躺在你面前時，你有辦法不去摸牠的肚子嗎？

＊ 貓的肚子又被稱為「原始囊袋（primordial pouch）」，是保護重要的臟器、儲存營養的地方，也是貓擁有獨特柔軟度的重要原因之一。

但貓並不喜歡別人亂摸牠的肚子，一不小心還可能會被咬。貓也跟人一樣，其實不太喜歡自己的肚子被隨便摸。

「但我摸我家主子的肚子，牠都不會動耶。」如果是這樣的話那答案只有一個：

「不是因為喜歡才不動，而是牠在忍耐。」

因為太喜歡你了，所以即使討厭被摸肚子，也會發揮極大的耐心，無論是強壯的貓、胖胖的貓、一般體型的貓都是這樣。雖然這是因貓而異，但貓希望你摸的身體部位大多不會是肚子，而是其他的地方，請大家務必牢記。那到底該摸哪裡才好呢？貓用四腳站立的時候，建議大家不要摸腳或是肚子，而是去摸臉或是頭等以上半身為主的部位，當然，尾巴除外。集中摸一個部位，反而會讓貓感覺不耐煩，這點也要多加留意。建議最短摸10秒，然後稍微停一下再繼續摸比較好。

如果你覺得「啊，摸個貓怎麼那麼麻煩」，那就記住下面這些訣竅吧！用兩根手指頭去摸貓的眉心，然後再往下巴旁邊輕掃撫摸。

貓的費洛蒙大多都會集中在臉上，所以用手集中攻略這個部位，手上就會沾滿牠們的費洛蒙。然後再沿著貓的後腦往背摸去，最後朝肢體接觸的重點──屁股上面「啪啪」地拍兩下，任務就算完成了。

　　屁股上方是會讓貓咪感覺到性快樂的部位，幾乎沒有貓不喜歡這個部位受到刺激。就像我們開玩笑說的「打屁屁」一樣，這裡就是一個能給貓咪帶來極大快樂，讓貓咪感覺情緒獲得淨化的身體部位。但無論如何要記得，過猶不及！希望大家和貓咪的身體接觸與交流，可以維持在一定的程度就好，畢竟貓咪隨時都可能變心，突然對你發怒。

那你可能會疑惑，「為什麼牠要露肚子給我看？」其實貓咪這種姿態，有一個專門的用詞叫做「翻肚（belly up）」，指的就是把肚子朝上的姿勢。換句話說就是「遊戲姿勢（play posture）」，也就是想要玩的準備動作。貓咪如果擺出這個姿勢，言下之意就是請你跟牠玩的意思。以後貓擺出撫媚的姿勢露出肚子給你看時，就毫不猶豫地把玩具拿出來吧，這樣貓咪說不定會對你另眼相看，認為「你現在終於了解我的意思了」。跟貓咪維持良好關係的方法，其實就是這麼簡單。

貓咪心裡
的水桶

#情緒爆發

「滴哩哩，54分。」

天啊！到底是犯了什麼錯？昨天還是50分的，現在卻變成54分了，是因為有事情要處理，所以沒有像昨天那樣多摸牠幾下嗎？居然提升了4分！

阿銀背上的毛打結了，我拿了支貓毛梳來，像按摩一樣幫牠順毛。

「滴哩哩，56分。」

啊，我這麼勤勞地幫牠梳毛，但分數卻提高了2分！這樣下去有可能很快就要到100分了，這可是很讓人緊張的事情啊。

102

特效藥，給牠零食吧！

「滴哩哩，52分。」

一直發出哼哼聲的阿銀，吃完零食之後分數就掉了2分，真是好險。

隨著物聯網商品愈來愈發達，與寵物有關的產品如雨後春筍般出現。幾年前才出了確認寵物心跳數與呼吸次數的設備，現在又推出能把承受壓力的指數變成分數的產品。超過100分的話，寵物就可能會做出突發行為或是問題行為。為了阿銀，我在一個月前毫不猶豫地買來使用。

100分就表示牠承受的壓力已經到了極限。確實，分數到達100的時候，牠會突然抓我的手，或是出現大小便失禁等行為，所以我覺得這個產品還蠻值得信賴的。產品說明書上寫著，到達100分的時候，可以用玩遊戲或是給零食的方式來降低分數。說明書上也建議，當在做容易讓貓覺得有壓力的行為，例如刷牙、剪指甲或是梳毛的時候，必須要多加留意，還有告訴使用者平時避免分數升高的方法。

推出不過一年就賣破100萬台，對飼主來說已經是必備之物的這台設備……其實只是我的想像。我只是試著用這種方式，來描述行為醫學裡經常提到的「籃子理論」（Basket theory）。

在籃子理論當中，會把寵物的壓力比喻成水，並把寵物可以承受的壓力範圍比喻成籃子。水一滴滴地累積，總有一天會變得像瀑布一樣奔流而下，一發不可收拾。只要一滴，就可能讓水從籃子裡溢出來，貓咪也是一樣。年紀愈輕的貓，就愈容易達到界限，壓力會像滿溢的水一樣爆發。如果你家的貓咪年紀介於3到7歲之間，那就更容易遇到這種狀況。你的貓咪曾經受到嚴重驚嚇嗎？你有因為牠突然咬你而打牠的鼻子嗎？有因為太忙，所以沒有好好處理貓砂盆嗎？光是這幾點，就足以讓籃子裡的水接近滿溢。當水開始滿出來，就會使貓開始做出問題行為。

很多飼主都會討論說貓咪「突然」大小便失禁、「突然」開始攻擊自己，但聽完他們說的話之後，我通常都會回答說是「貓咪真的已經忍了很久」。一點一滴累積起來的壓力，不知不覺間達到極限，只要一點小小刺激就會讓壓力鍋爆開，讓問題浮上水面。所以重點就是，不要讓貓咪處在牠們不喜歡的情況下。要清空已經爆滿的籃子是一件非常不容易的事情，所以請不要想著等籃子滿了再來處理，應該一開始就要避免讓籃子裝滿。

如果牠
舔了又舔

「睡醒之後有一種洗過頭的感覺，牠好像在吃我的頭髮，真的沒關係嗎？」

飼主看著以活潑的眼神，在診間裡面四處聞來聞去的路比問。她一邊摸著自己的頭，好像貓舔她的頭髮與頭頂時留下的口水還沒有洗掉似的。我問「牠會讓妳的頭濕成像剛洗過頭髮嗎？」她接著説：

「我早上都比較晚起來，頭常常會濕到我以為自己流汗了。醫生你也知道，因為貓舌頭的觸感比較粗，所以我有時候會被舔醒。醒來之後一定會發現，路比正在從我的頭頂開始一

106

直舔我的頭。」

「路比有沒有其他讓妳覺得奇怪的行為呢？」

路比的飼主繼續摸著她的頭頂説：「我聽説貓咪早上會叫通常都是肚子餓要吃飯，所以早上我會立刻弄東西給牠吃。然後牠會像要吃飯一樣走到飼料碗前面，接著又很快走回來用頭撞我，是不是因為牠不喜歡我準備的東西？」

「牠用頭撞妳嗎？」

「對，有時候會吃飯吃到一半會跑過來用頭撞我的腳，還會跳到旁邊的桌子上跟我對看，突然用頭撞我的臉或手臂。這是反抗的意思嗎？到底為什麼會這樣啊？我有依照醫生説的，每天跟牠玩兩、三次，每次都至少玩15分鐘；睡覺之前也一定會跟牠玩一下，然後再給牠好吃的零食，甚至很認真地陪牠玩捉迷藏、摸牠。」

「看來妳太常陪牠玩了，你們的關係變得很深厚。」

「這是什麼意思？」

「路比是在表達牠對妳的愛，這表示牠真的很喜歡妳。」

「什麼？舔頭頂跟貓表達愛意有什麼關係？」

飼主用一副難以理解的表情問道。

　　「妳有聽過『相互理毛（allo grooming）』這個名詞嗎？用人的話來說就是『互舔』的意思。貓咪為了維持自己的身體清潔會理毛，但是有一個身體部位是牠們無法自己處理的。」

　　「有這種部位嗎？貓咪的身體很柔軟，好像不管哪個地方都能自己處理啊⋯⋯」

　　「對，就是眉心和頭頂。如果有其他貓咪同居，那麼彼此之間建立信賴關係的貓，就會互相舔彼此的眉心。」

　　「那路比是因為喜歡我所以才舔我的頭嗎？」

　　「對。妳經常陪牠玩，讓牠留下很多美好的回憶，所以路比才會用舔妳的頭來做為牠一天的開始。這是牠非常喜歡妳的表現。如果牠認真舔妳的頭，舔到妳覺得自己好像流了很多汗，那就應該是牠對妳的愛很深。

　　而且剛剛妳也說路比會突然用頭撞妳，這個『用頭蹭（head bunting）』的行為，是貓咪在表達牠的信賴與喜歡。我想牠應該是用頭撞妳，然後用臉或身體去磨蹭吧？」

「對，牠會一邊喵喵叫一邊用身體蹭蹭我，然後就離開了，這樣我就會以為牠生氣了。」

「不，這是路比在盡全力表現牠很喜歡妳、很信任妳的意思。所以請妳不要擔心，如果你也想表達妳對路比的愛，那就用家裡沒在用的牙刷幫牠理理毛吧。」

「牙刷嗎？」

飼主做出傻眼的表情，於是我接著說下去：「牙刷的觸感跟貓的舌頭很像，請妳用牙刷去刷牠的眉心，這樣路比就會露出很舒服的表情，妳可以利用牙刷的刷毛來做出類似相互理毛的行為。」

「那我得馬上去買支牙刷了！還以為牠在發情期呢，都不知道這是貓咪在表達牠的好感。」

很多人都會誤會貓咪不會跟人類溝通。但跟人在一起超過五千年時間的貓，溝通的能力其實愈來愈好了。你家的貓咪有沒有曾經跳到你膝蓋上坐呢？有沒有在你躺著的時候，跑過去舔你的臉呢？當你叫牠的名字時，牠有沒有跑過來用頭撞你的腳呢？雖然我們通常都覺得貓咪只會對人「打呼嚕」或是「喵喵叫」，但其實貓咪會做出很多你不知道的行為來表達牠的愛。那可是貓咪對你的告白呢，怎麼能不開心呢？

阿銀與我

2011年3月，一隻美國短毛
貓在我們醫院生下了小貓。其中
有隻小貓眼睛特別水汪汪，我的
心徹底被牠擄獲，就決定要讓牠
跟我們一起在醫院生活，

這孩子就是美國短毛貓「阿銀」。

我在看了《雪貓（暫譯）》這本書之後，開始對美國短
毛貓產生幻想。繪本裡的美國短毛貓有魅力又會撒嬌，所以我
也很希望自己的美短能有這種個性。確實，阿銀也會做出很有

魅力的表情，但面對陌生人的時候卻會一副病懨懨的樣子。醫院每天都會有很多不同的貓朋友跟飼主來訪，阿銀也會對他們撒嬌，藉此安慰他們。

阿銀跟其他的貓不一樣，在我看診的時候，會靜靜坐在桌子底下聽我說話，完全不會做出任何其他的行為！其他的貓朋友來醫院時，牠還會跑進飼主帶來的外出籠裡玩耍。跑進外出籠裡，只露出一張小臉發楞的表情，就連身為爸爸的我都覺得牠實在是太沒有心機，讓我有點尷尬。如果有飼主看起來很難過，牠還會跳上他們的膝蓋幫忙按摩，或是靜靜地坐在那裡。阿銀的這些小舉動，似乎能夠為飼主帶來一些安慰與平靜，這也讓我很感激。

在經常會接觸到許多憾事的醫院環境下，阿銀的個性變得比較圓融。當然，牠也會維持適當的距離，並適時擺出一副瀟灑姿態。

回想至今每一個收養動物的時刻，我都會覺得自己是一個還有很多努力空間的飼主。我跟那些因為瞬間的感情、幻想與好奇，就收養動物的飼主其實沒有兩樣。

我開始想起在阿銀之前陪伴我的孩子，三隻寵物貓當中有一隻是罹患了慢性腎衰竭＊，卻一直很酷地撐到最後才到天堂去的太咪；還有一隻罹患癡呆症、荷爾蒙疾病與心臟病，一生吃盡苦頭的諾瑪。一想到牠們，我就總是覺得抱歉又感激。

　　「阿銀」總是無心，「阿銀」總是瀟灑，「阿銀」總是保持距離，牠因為不懂事的飼主瞬間的決定，就在醫院跟我一起生活八年，那有些粗心大意的個性跟我實在很像，這讓我感到很安慰。

＊ 隨著貓咪年紀愈大，腎臟功能會愈差的疾病。如果無法順利排出體內的毒素，很可能會發展成尿毒症（老廢物質無法透過尿液排出體外，進入血液中導致中毒的症狀）。

4

貓咪的疾病

超過心中
的底線

#問題行為要立刻糾正

　　貓咪的問題行為並不容易改善，改變是需要時間的，而這時候最需要的就是飼主的耐心。

　　我曾經在錄完EBS電視台的《拜託貓咪》之後，仍和一位飼主每個星期連絡一次。雖然電視節目已經播出，但我還是想持續關注貓孩子的問題行為是否有改善，也很想知道飼主是否有做到答應我會遵守的事。

　　通常錄完影之後一個星期，問題行為就會改善許多；兩個星期後飼主與貓咪的關係就會漸漸好轉，不過問題行為還是會持續。我也曾在錄完影三個星期之後，聽到飼主告訴我說關

係跟問題行為都有了顯著的改善，但偶爾還是會有一些問題發生。

就像在跑馬拉松時，需要戰勝死亡點（death point）的試煉一樣，在改善貓咪問題行為的過程中，我們也必須要克服心中的死亡點。「我家的孩子好像很難過，能不能讓牠做自己想做的事就好。」我也看過很多情況是飼主的態度一如既往，也使得貓咪的問題行為又故態復萌。在錄影時認識的飼主，大多都是錄完影過了三個星期左右會開始產生這樣的煩惱，差一點就準備放手讓貓為所欲為了。

「只要撐過這段時間，情況就會改善很多了。」

經過我數次的解釋與說服之後，飼主會答應我願意再次堅定決心努力看看，而他們現在也仍然持續努力，讓貓咪的問題行為逐漸改善。

飼主如果得過且過，就會經常發生「消弱爆發」（extinction burst）的情況。這個意思是說，當你不照貓的意思去做時，貓的問題行為就會愈來愈嚴重。例如貓咪因為想到外面去而一直叫，你如果受不了就放牠去，下一次牠就會叫得更大聲。但在為了讓你實現牠的願望的請求行為爆發過後，力道就會呈階梯式逐漸遞減。雖然要撐過這段時間非常難受，但必須忍耐並堅持下去，才能糾正貓咪的問題行為。

在情緒骨牌
倒下之前

#疼痛導致攻擊性

「現在還剩下幾次啊,醫生?」

「現在只剩下兩次了,撐到現在真是辛苦你們了。」

25週的治療過程已經撐過了23週,我真的非常感謝貓咪小律與飼主的努力。

大概是七個月前,小律剛開始出現異常症狀。小律因突然發高燒而來院就診,我開了消炎藥與抗生素的處方,並讓牠住院三天。跟其他的貓不一樣,牠很平靜地接受注射,也因此很快恢復、很快出院。但後來卻出現走路不穩等神經問題症狀,所以小律出院不到三天,飼主又帶著牠回來。

仔細觀察後，發現小律的下巴下方有一個小小的腫塊，感覺上就像是在宣告牠「大限將至」，但小律才四歲而已啊。由於有走路不穩的明顯症狀，所以我幫牠做了簡單的神經檢查，並拍下牠走路的樣子拿去做骨骼檢查。雖然並沒有什麼特別的問題，但我卻發現牠的白血球數值異常地高。尤其是淋巴球細胞的增加非常明顯，再加上牠下巴那個可以用手觸摸到的腫塊，於是我便告訴飼主，我懷疑小律長了淋巴瘤※。

　　「小律好像長了淋巴瘤。」

　　我小心翼翼地說完，飼主便接著說「什麼？淋巴瘤？但牠年紀還小啊……」然後就再也說不下去了。

　　「雖然年紀小，但還是可能長腫瘤的，尤其牠又有神經方面的症狀，惡性腫瘤的可能性非常高。」

　　「是惡性腫瘤的話，那牠會死掉嗎？」

　　無論是哪一位飼主，每一個人都會先詢問疾病與死亡的關聯性。而且這不是單純的疾病，而是惡性腫瘤，也就是「癌症」，自然會馬上聯想到死亡。「如果是惡性腫瘤，那麼預後的狀況確實會不好。」不好的意思就是孩子剩下的時間已經不長了。

※ 貓咪身上常出現的問題之一，在這種情況下，貓咪的淋巴腺會腫大。腫瘤分為良性與惡性，若要做出正確的診斷，就需要搭配組織切片檢查。

如果是惡性腫瘤，那麼MSD（median survival time，存活時間）大概只剩下10.4個月。

飼主聽完後立刻哭了出來。即使我已經對上百位飼主說出「預後不佳」這句話，但還是無法習慣這種情況。雖說只能再活10.4個月，但那也只是平均值，所以也有可能活得比這更長，不過最糟的情況就是疾病迅速惡化，小律甚至活不到10.4個月。但我還是不放棄希望，跟飼主解釋了貓的抗癌治療之後，積極地建議他嘗試看看。淋巴瘤是經常發生在貓咪身上的疾病之一，已經有很多臨床案例顯示，若從早期開始進行抗癌治療，有很高的比例能讓病情好轉。尤其如果是除了腫瘤以外，其他內臟（肝臟、腎臟等）都沒有受損的健康貓咪，治療效果更是出色。

在貓咪還在世的時候，幫助牠們維持QOL（Quility of Life，生活品質）也是獸醫師的職責。因此，無論如何我也希望能夠透過緩和治療，幫助小律剩下的貓生能夠不被痛苦所糾纏。

開始抗癌治療約三星期左右，飼主的表情看起來放鬆了許多，因為小律走路時會莫名搖晃的神經症狀消失了，嘔吐與腹瀉等抗癌治療的後遺症也減輕不少。脖子旁邊的腫瘤也漸漸消下去，甚至讓人不會意識到牠曾經長過腫瘤。不過小律這孩

子的態度卻變得非常敏感。過去在飼主準備的籠子裡，平靜且毫不畏懼地讓我檢查的模樣消失得無影無蹤，還會對任何靠近牠的人弓起身子哈氣。醫院的員工和我想要把牠從外出籠裡抱出來時，小律就會用可怕的前腳攻擊我們。即使我們一邊說著「小律，要接受治療喔」，一邊小心翼翼地靠近牠，牠依然會使出前腳攻擊並對我們發怒，也讓我們不得不求助飼主。不僅如此，由於這孩子激烈的掙扎，使得我們在裝血管注射導管＊時失敗了好多次，而且小律的掙扎還愈來愈激烈。

「要不要休息一下？」隨著小律愈來愈緊張、激動，牠的鼻子也開始變成粉紅色，甚至還一直喘氣，這實在令我愈來愈看不下去。休息個30分鐘吧，我想。為了在更穩定的情況下進行治療，我們用毯子把小律包起來，在牠的後腳而不是前腳裝了導管。而牠非常平靜，反應跟30分鐘前天差地別。採集完血液並簡單治療之後，我便進到診間，跟飼主解釋檢查結果。

「看來是沒辦法從小律的前腳進行治療。治療時會使前腳一直感到疼痛，所以牠非常討厭別人去摸那裡。」

＊ 在為寵物做靜脈注射的時候使用的工具，通常都是裝在前腳上。

「我正想問這件事。在家裡的時候也是，我只要靠近牠的前腳，牠就會叫個不停然後跑走，以前幫牠剪指甲、摸前腳，牠都不會有什麼反應。」

「是因為疼痛使貓變得敏感，也變得具有攻擊性，這叫做『疼痛相關攻擊行為（pain related aggression）』，沒想到最後竟然發展成這種情況。」

我吞了吞口水，覺得口腔乾澀又有點苦。為了不讓小律的生活品質下降，說服飼主選擇做抗癌治療的人是我，但卻沒能預防疼痛相關的攻擊行為，這讓我感到遺憾。要解決疼痛相關攻擊行為的問題其實很容易，那就是不要讓貓感覺疼痛就好。可是療程長達25週，現在才過了4週而已。剩下21個星期裡，還會有21次注射療程，而我們已經預見到可能會有的反應。

「吃藥吧，吃鎮靜劑。」

我對在診間裡，因為聽到小律的叫聲而感到痛苦的飼主提議。

「牠已經在吃藥做抗癌治療了，又要再吃什麼藥？」

「這種藥不是每天都要吃的，是在到院前的90分鐘吃一次，觀察牠的心理狀況；如果還是覺得狀況非常不好的話，那就在到院前的30分鐘再吃一次。」

「吃這麼多藥，會不會太勉強小律？」

「不會的。我覺得現在讓小律不要感到太過疼痛，才是第一要務。可以不用每天吃，只有要來醫院的時候吃就可以了。以人來比喻的話，就是遇到緊張的事情時，吃可以吃顆定心丸的意思。」

我繼續説服，飼主也能夠接受我的説法，

最後怎麼樣了呢？小律還是得面對每個星期痛苦的抗癌治療與血液檢查，但因為藥的關係，讓原本因為痛苦而開始倒塌的骨牌有了倚靠的支架。就這樣，小律得以完成25星期的抗癌治療。

這漂亮又可愛的孩子，為什麼會病成這樣呢？當與牠們共度的快樂與喜悦被剝奪時，我總會埋怨老天。

持續無力、
愈來愈消瘦

　　對奇奇的第一印象，是覺得牠看起來非常無力，無力到讓人驚訝竟然有貓能夠文靜溫順到這個地步。牠帶著一副彷彿已經看破紅塵的表情，不僅不太受到影響，甚至沒有什麼太大的反應。飼主也擔心奇奇的這種樣子，所以才來求診。奇奇住在一個總共有五隻貓的多貓家庭，但幾乎不跟其他的孩子交流。飼主說牠總是獨處，而且看起來愈來愈瘦，真的十分令人擔心。雖然他特別給了奇奇一個房間，但奇奇依然意志消沉。

「跟其他四隻貓一起生活，可能給牠比較大的壓力吧。」

飼主遞了一個隨身碟給我，裡面是將過去奇奇在其他醫院接受的檢查，仔細依照日期整理而成的檔案。

「看來你們之前已經到很多其他的醫院接受檢查了。」

我一邊打開隨身碟裡的檔案確認檢查結果，一邊對飼主說。裡面包括了X光檔案、超音波照片，以及各種血液檢查結果。

「醫院都說從檢查結果來看，沒有什麼異常。」

「那我們需要先了解這孩子的個性，就透過程式來做幾個個性分析的問題吧。」

為了不錯過牠對個性分析問題的回答，問問題的同時我們也錄影存證，經過大約40分鐘左右，檢查結果出來了。奇奇的圖表顯示，牠的活動性非常低。跟同種的貓相比可說是最低的水準，這表示牠幾乎不怎麼動；而且跟其他貓相比，社會性也非常不足。

「從這個結果來看，應該可以說是非常嚴重的憂鬱症。」我小心翼翼地開始解釋分析結果。

「憂鬱症？貓也會有憂鬱症嗎？」

彷彿不可能會發生這種事一樣，飼主驚訝地問。

事實上，確實有很多貓咪會得憂鬱症。貓會因為突然失去家庭成員，或是同住的貓死亡等環境變化，而導致行為突然有所改變，為了排除精神問題之外的可能性，一定要做其他的檢查來確認是否有其他生理上的問題。

其實現在用血液做各種不同檢查的方法非常普及，一年前無法了解的問題，現在已經可以輕鬆檢驗出來了。必要的檢查項目包括早期炎症標記檢驗、早期腎衰竭檢驗等，如果是在做行為矯正諮商，也還會有荷爾蒙變化的確認檢驗。如果是來接受行為矯正諮商的貓，就一定要做甲狀腺荷爾蒙檢驗，因為甲狀腺荷爾蒙數值上升，會使貓更具攻擊性，行為模式也會跟著改變。

在抽血做檢查的時候，一般的貓都會發出「喵」的聲音表示不舒服，但奇奇一動也不動的樣子，讓我有很不好的預感。等待檢查結果的過程中，我又再一次仔細瀏覽了過去奇奇做的檢查結果。超音波影像中，有一個畫面一直讓我很在意，那個畫面上頭部有個看起來不怎麼尋常的十字痕跡。

「上一間醫院有針對超音波結果說什麼嗎？這超音波照片一直讓我很在意，看起來不太尋常。」

「雖然做過很多次超音波檢查，但醫院都沒有特別說什麼，有哪裡奇怪嗎？」

「我覺得再做一次超音波檢查好像比較好，總之我覺得應該不太正常。」

後來的超音波結果和過去一樣，都顯示奇奇的腸分節有異常。雖然不明顯，但只要更注意看的話，就會發現其程度與大小確實會讓人感到不尋常。牠的腸道有一部分看起來比較厚。

看來不只是單純的心理問題，而是腸道消化的問題。為了做更進一步的檢查，我們進行了組織採樣，並且判斷必須切除一部分的腸道。

跟飼主商討到最後，決定讓奇奇接受切除部分腸道的手術，同時也切除了手術過程中發現的腫瘤。奇奇在等待組織檢查結果的同時住院治療，但病情卻意外地迅速惡化，最後還是離開我們回去了喵星。飼主幾乎要把眼淚給哭乾。行為的改變、心理的改變，通常都伴隨著健康的變化，這種狀況比我們想像的還要多得多。

尤其伴隨著疼痛的疾病，會使貓變得更敏感、更具攻擊性，也可能變得非常畏縮。為了時時注意貓咪的心是否生病，我們也需要多加注意貓咪的健康是否有任何問題。

　　究竟該先注意牠的心理，還是該先注意牠的健康呢？其實這兩者必須同時注意。如果只對奇奇做憂鬱症的心理治療，就很難發現其他的生理問題。

　　如果貓咪能夠直接告訴我們，牠究竟是心理生病還是身體生病，那該有多好＊，這是我身為獸醫師唯一的願望。

＊ 如果能直接和貓咪對話，看診時間可能會更長也說不定，因為貓咪真的很愛說話。

無聊又寂寞
的貓

#強迫症

　　小丹跟太空船一樣長的脖子上，戴著一個圓形的東西。這是用來在手術後保護手術部位的器具，但卻跟一般的伊莉莎白項圈＊不太一樣。這個圓形的物體厚度是伊莉莎白項圈的兩、三倍，而且看起來像是飼主自己親手做的。飼主用不織布之類的堅硬布料，剪成一個超大的圓形，然後給這孩子戴在脖子上。

　　「小丹是從什麼時候開始穿這個超大的伊莉莎白項圈？」

───────

＊ 免寵物去舔患部或手術部位，而臨時圍在頸部的圓形領子。

「大概六個月左右了，一開始小丹的身體很癢，我以為是生了什麼病，所以就帶牠到醫院去做皮膚診斷。」

從這孩子身上，可以看到部分結痂和紅腫的痕跡。右邊膝蓋掉了很多毛，頸部也有部分正在掉毛。

「牠吃了很久的皮膚藥，皮膚雖然好了一點，但只要把項圈脫掉，牠又會繼續去舔，然後問題又變得更嚴重。」

「請您看一下這個。」飼主給我看了一段影片，影片中可以看到，小丹的行為非常自虐。那已經不只是過度舔毛而已了，而是自己在拔自己的毛。嘴巴四周圍黏著牠拔下來的毛，掉在地上的毛也都糾結在一起，任誰都看得出來，這絕對不是單純的皮膚病。

如果像小丹這樣，已經做了皮膚病變的檢查和診治，但卻沒有任何改善的話，那就應該進行行為問題，也就是跟心病有關的診治。像我在要為貓做基本的問題行為矯正之前，都會做一些諮商，這時候我會使用賓州大學提供的方法來進行。這個方法是透過由與其他動物的社會性、與人的親密度、教育程度等組成的100多個問題，來瞭解貓咪的個性，而小丹的結果是強迫舔食。通常跟小丹同種的貓，強迫舔食的平均值是0.54，而小丹的數值卻高達4.0，是該項目的最高值。

如字面所述，強迫舔食就是會持續舔食特定或多個部位的行為，就像人因緊張或不安，會一直去咬指甲一樣。

　　「您有常陪小丹玩嗎？」

　　「我們是雙薪家庭，沒辦法經常陪牠玩。但下班之後回家，還是會盡量花時間陪牠。可是小丹好像因為被強迫戴著這個項圈，對遊戲興趣缺缺的感覺。」

　　「您有看到這個狩獵行為（predatory behavior）的圖表嗎？以小丹的情況來說，同種的貓平均值是2.20，但牠的數值是高於平均的3.37。顯然牠對狩獵遊戲的慾望，比其他的貓更強烈。」

　　「那是我們太少陪牠玩了嗎？」

　　「剛才您說會陪牠玩15分鐘左右，對一般的貓來說很足夠，但小丹的話則需要更多時間。而且應該要經常陪牠玩、經常給牠一些零食之類的回報。」

　　此外也建議可以模仿尋寶遊戲，打造讓貓咪可以自己找出零食來吃的狩獵環境；或是把貓跳台移到陽台旁邊，讓貓咪可以看看窗外的風景，以及把點心藏在貓跳台裡等等。

　　兩星期後，帶著小丹來醫院的飼主，表情變得開朗多了。

他換了貓跳台的位置，那裡可以充分地照到陽光，也能夠觀看窗外的景色。雖然小丹還不能擺脫強迫舔食的問題，但隨著四飼主開始有規律地陪牠玩耍，也讓問題開始改善。飼主也說他們會利用飼料玩具或是尋寶遊戲，讓小丹獨處的時候不要感到無聊。

　　貓也跟人一樣會覺得孤單、無聊，如果無法戰勝這些感受，就會像小丹一樣罹患強迫症，以排解這些孤獨的情緒與無聊的時光。所以千萬不要讓貓咪孤單獨處。

別誤會貓咪了

誤會 1. 貓毛對小孩的氣管不好？

很多原本有養貓，後來卻懷孕的夫妻，或是家裡有了孫子的長輩經常會問這個問題。甚至有一些飼主聽說小孩可能會因為貓毛生病，進而棄養。

但我們其實不必擔心吃到貓毛會對小孩的氣管不好。因為即使小孩吃到貓毛，毛也不會進到氣管，而是會進到胃裡，然後隨著糞便一起安全地排出體外。

也不需要擔心小孩會因為貓毛而過敏。有研究結果指出，貓毛不僅不會造成過敏，反而具有預防心臟病的效果。

而且正確來說，與過敏有關的並不是貓毛，而是貓的唾液。因為理毛而沾附在貓毛或皮膚角質、小便中的唾液，含有跟肥皂相同的中和酵素，會引起過敏反應。如果擔心對貓過敏，那在領養之前最好先嘗試當貓中途，或是到有養貓的家庭去走一趟。想要養貓的人，應該先接觸跟人比較親近的貓，以準貓奴的身分去確認一下自己是否會對貓過敏。

誤會 2. 貓可能會導致孕婦流產？

有謠傳說貓身上一種叫做弓漿蟲的寄生蟲疾病，對孕婦來說非常危險，所以孕婦絕對不能養貓。而且過去新聞也曾經報導，有四分之一的國民身上帶有這種貓寄生蟲，而這與孕婦流產有關。該新聞中報導的 25% 感染率是錯誤資訊，不是 25% 的韓國人口受到感染，而是日常生活中曾經感染過弓漿蟲、血液中產生抗體的人有 25% 的意思。換句話說，並不是貓咪帶著弓漿蟲生活，並以宿主的身分將這種寄生蟲傳染給其他動物，而是我們會在不知不覺間暴露在有弓漿蟲的環境下，並且自然地產生抗體。而且很多情況是弓漿蟲並沒有造成什麼問題，就連宿主本人也不知道自己曾經感染過弓漿蟲。

那被稱為貓寄生蟲的弓漿蟲，主要的感染途徑是經由貓嗎？不是。大多數的感染途徑是吃生魚片、生牛肉等沒有煮熟的食物，或是接觸外界的泥土、水之後，沒有把手洗乾淨就直接吃東西等。事實上，最近 20 年來只有兩起產婦感染弓漿蟲傳染給胎兒的確診病例，感染源也不是貓。

只有以下這些情況同時發生，貓才可能對孕婦造成危險。

狀況 1. 家裡的貓非常喜歡外出，還會在外面抓老鼠來吃，也會去喝水溝水，然後再回到家裡。

狀況 2. 剛才抓的那隻老鼠感染了弓漿蟲，而且抓那隻老鼠來吃的貓從來沒感染過弓漿蟲，身上完全沒有抗體。

狀況 3. 偏偏貓奴本人也不曾感染或弓漿蟲，而且在貓感染弓漿蟲後 2 ～ 4 週內，透過糞便將弓漿蟲卵排出時，已經懷孕的飼主卻又徒手去碰貓的糞便。

狀況 4. 而這位貓奴真的超級忙，連洗手的時間都沒有，就用沾著貓糞便的手直接吃飯。

這四種情況依序全部發生的可能性真的微乎其微，所以因貓流產的機率也真的非常非常低。

如果擔心孕婦流產，那應該先注意別吃生魚片跟生牛肉，畢竟因生食而感染弓漿蟲的機率，可是要比被貓傳染要高得多了。

彩虹橋的入口

「跨過彩虹橋」這樣的說法究竟是從何而來的呢？彩虹橋的另一端，是否就代表著能夠重新開始幸福的生活？跨過彩虹橋之後，究竟有什麼呢？會有一個充滿幸福的未來、全新的生活在等著我們嗎？還是一顆保障能夠永遠安眠的平靜心靈在等著我們呢？

我常常覺得，獸醫師是帶著飼主與貓到那座橋前的嚮導，是幫助他們能盡可能以平靜的心情，走到彩虹橋前的引導者。而這樣的旅程實在重複太多次，也讓人覺得獸醫彷彿是一趟悲傷之旅的專業嚮導。

「已經到了D階段（心臟疾病末期）了。」

「已經到末期了嗎？」

「肥大性心肌症被稱為貓咪的三大疾病，現在已經發展到接近末期了。」

年事已高的貓經常罹患的三種疾病，分別是「肥大性心肌症＊」、「慢性腎衰竭」與「甲狀腺功能亢進＊＊」。飼主總會問我該怎麼辦，而我會很老實地回答説無法根治。因為根治這個詞，實在很難拿來用在10歲以上的老貓身上，通常都只能再多爭取一點相處的時間而已。「不能動手術嗎？」

手術可以帶給人希望，讓人期待能夠藉此治好疾病，但可惜的是，目前的狀況實在無法納入希望的範疇。

「這不是能靠手術解決的病，我們只能努力減少牠的痛苦，讓牠能更舒適地過完剩下的時間而已。」

＊ 因為心臟的肌肉變厚，所以心臟內能裝的血液容量就變少，這是貓咪會罹患的主要心臟病之一。

＊＊ 體內的甲狀腺荷爾蒙增加，會造成行為異常、攻擊性提高，食慾增加但體重卻沒有跟著上升，也可能會伴隨掉毛、嘔吐、腹瀉等消化道的異常症狀。

我通常都會選擇比較正面的字眼,來描述老貓的狀況。

就這樣過了六個月,貓咪的狀況如預期的惡化得非常嚴重,呼吸也開始變得急促。每分鐘得呼吸次數慢慢增加,飼主跟老貓也開始頻繁地進出醫院。然後某一天,飼主在社群上發布了一篇短短的留言,那篇文章的標題是:「好好走過彩虹橋,在喵星幸福過日子吧。」。所謂的心臟病,是指身體裡最重要的臟器,再也無法發揮正常功能的意思,要說出這件事情實在令人感到非常痛苦。但我還是不斷思考,要用怎樣的方法,才能夠以不讓飼主感到那麼難受的方式,告知他貓咪即將要跨過彩虹橋的事情。當獸醫的時間愈久,就愈常遇到類似的情況,我實在無法輕易做出結論,

但基於希望這段旅程的最後,貓與飼主都能夠幸福的心情,我也只能不斷地努力。＊

＊「人死之後,先一步離開的寵物會前去迎接」這個說法,是我最喜歡的說法之一。

5

貓咪的管理

絕對不行
抓後頸！

有人從來沒有做過這件事，但卻沒有人從來只做過一次這件事，那就是幫貓咪洗澡。

很多貓奴在領養貓之後，都會煩惱「什麼時候該幫貓咪洗澡？」很多貓奴甚至會花好多年的時間煩惱，無論貓咪是長毛短毛，是不是都該每隔一段時間就洗一次澡。

老實說，我的寵物貓阿銀已經步入中年，而我通常是一年洗一次，有時候甚至一整年都沒幫牠洗澡。

老實說，我從來不覺得這樣的阿銀很髒。

貓跟狗不一樣，牠們會理毛，所以可以不必常洗澡，這是因為牠們每天，都會用帶有中和酵素的唾液理毛好幾次。

而且貓真的超討厭水。貓咪在大約2,000年前是生活在沙漠中的，本能上就不太親近水，這也是牠們不愛洗澡的原因。

但現在不是生活在沙漠，而是生活在家裡，所以洗澡是不可避免的。尤其是長毛貓，為了整理牠們的毛，有時還是得洗澡*。而且為預防得皮膚病，最好還是讓牠們對洗澡更加熟悉一點。因為感染寄生蟲、得細菌性皮膚炎、黴菌性皮膚炎時，在醫院或家中，都必須用治療用的沐浴乳來洗澡。只要讓貓咪稍微熟悉洗澡這件事，療程就會更順暢，恢復也會更快，所以希望大家記得以下的事項，這樣幫貓洗澡的時候會更熟練。

寵物的味道，通常都是來自嘴巴或耳朵，有時候也會因為肛門腺**分泌的液體而發出臭味。

---

* 長毛貓要透過梳理（brushing）來梳掉掉落的毛，並整理剩下的毛，為了做到這一點，最好要幫牠們洗澡。短毛貓只要平時幫忙梳梳毛，就能有效地維持清潔。
** 位在肛門內側左右兩邊的腺體，又稱肛門囊。

只要平時好好管理牙齒、耳內和肛門腺，就可以減少寵物散發特殊臭味。而貓耳朵相關的病不像狗那麼多，肛門腺分泌的液體也不多，所以只要集中管理、清潔牙齒，就能帶來很大的幫助。家貓在戶外活動的機率也比狗少很多，只要沒什麼意外，貓通常不會變得太髒。所以不需要經常幫貓洗澡，通常六個月洗一次就夠了。

　　如果你家的貓咪不怕水＊，可以裝大概淹過貓腳掌的水，讓貓咪從踩水的遊戲開始拉近跟水的距離。當貓咪覺得這是一種遊戲，就會比較親近水。這時候也可以給貓一點零食，這樣可以讓貓咪同時產生「這沒什麼嘛」的安全感，以及「玩得很開心，還有零食可以吃」的感受。接著就是從屁股開始，輕輕地、不要發出聲音地潑水。記得，「不要發出聲音」！這是超新手貓奴最常犯的錯誤。「噗唰」一聲打開蓮蓬頭的聲音，對貓咪來說就像是「很快要發生可怕的事情」的聲音。

＊ 如果你的貓對水有興趣、喜歡水，能接受踩踏水的遊戲，那你真的是個運氣超好的貓奴。

所以最好把蓮蓬頭放在水裡再打開，這樣裝水時比較不會有聲音。

如果打開蓮蓬頭時不發出聲音，且把貓放到水盆裡的過程都順利成功，那接下來就很重要了。如果感覺到水面愈來愈高，開始要把自己淹沒的話，那再親水的貓都會想要用盡全力逃脫這個狀況。為了讓貓咪不要逃離浴室，接下來這個行為很重要：從結論說起，那就是絕對不要抓貓咪的後頸。

網路上盛傳幫貓咪洗澡時，可以大力抓住貓的後頸以幫助貓穩定下來的「催眠夾法（clipnosis）」。這個方法，是緣自於母貓會用牙齒咬住小貓的後頸來移動，所以貓天生就覺得被抓住後頸很有安全感的說法。

聽起來好像煞有其事，但其實是錯的。貓咪會被抓住後頸的情況大致上只有兩種：還是小貓時被母貓咬住脖子，以及交配的時候公貓咬住母貓的脖子。第二種是為了交配而強制咬住脖子的情況，以人的情況來比喻，感覺就像是被抓住頭髮一樣。所以洗澡的時候抓住貓咪的後頸，其實是類似後者這種強迫的行為，對貓咪來說非常不愉快。事實上，國際貓獸醫協會ISFM，也都不建議用這種方法來抓貓。

這樣會讓貓咪很不開心，也可能會破壞貓咪和飼主間的關係。

所以比起抓住貓咪，我更建議各位輕輕地按摩貓的後頸。用大拇指跟另外四根指頭，輕輕地按壓貓的後頸，這樣子貓咪就會在洗澡的時候變得乖巧。如果可以再準備能夠讓貓咪抓緊的橡膠墊，那就再好不過了。就像溺水掙扎的人如果能抓到東西，就會覺得有安全感一樣，如果能有東西讓貓咪抓住，牠們在心理上就會比較有安全感。

洗澡的時候有人拉你的頭髮，跟有人輕輕按壓你的後頸，你會選擇哪一個呢？

貓咪肯定也會跟你做出一樣的選擇。

N+1的原則

#廁所管理(1)

看診的時候，我經常被問到這類問題。貓咪跟人一樣，吃完東西之後需要排泄。無論是貓還是人，吃喝拉撒都是全世界最重要的事情。

「你準備了幾個貓砂盆呢？」

這就是最具代表性的問題。很多人會訝異「為什麼不是問有沒有貓砂盆，而是問數量？」但因為貓愛乾淨的天性，會在廁所這一點上發揮到極致，所以不僅是貓砂盆的狀態與有無，就連數量也必須仔細確認。

貓有在多個地點排泄的傾向。只在一個地方排泄，肯定會讓那個地方變得很髒亂，所以至少要準備兩個以上的貓砂盆讓貓使用。如果無法提供這樣的環境，飼主就可能會經歷想要跟貓咪斷絕關係的災難（四處大小便等等）。

「我家的貓只有一個貓砂盆也過得很好。」

多貓家庭的飼主如果這樣說，我就會回答：「我想六個月內，你的整間房子都有可能變成貓咪的廁所。」因為雖然看起來沒有問題，但其實很有可能是牠們在忍耐。忍無可忍、覺得這個廁所再也用不下去了，牠們就會在你的床鋪、浴缸、地毯等，只要是可以讓牠們乾淨大小便的地方，都可以找到牠們的痕跡。

所以一定要記得N（貓的數量）+1的原則。一起生活的貓有多少隻，貓砂盆就只要再多準備一個就好，這個簡單的公式，就能夠讓貓奴和貓主子過上天下太平的日子。

如果貓咪一直
亂尿尿

#廁所管理(2)

「我真的要瘋了！」

飼主帶著煩躁又驚慌的表情說。

我問她從什麼時候開始，她便以「某天突然……＊」開頭，說起這個故事。

「這孩子在我的床上尿尿。我每次都會一邊洗床單一邊勸阻牠，但現在牠反而跑去客廳的地板尿尿了。」

＊ 要闡述問題的飼主，十之八九都會用「某天突然」開頭，但其實問題並不是突然發生的。只要仔細想想，有沒有誤會貓咪發出的訊號，就可以找出問題的原因了。

「您能不能先讓我看看貓砂盆的照片？」*

第一次見面的獸醫説要看貓砂盆的照片，這讓飼主有點驚訝，我補充説「得先確認看看牠是生活在怎樣的空間」。

發生這種問題的飼主，大多都是準備了圓頂的貓砂盆。其實圓頂貓砂盆是為了人的方便性，而不是為了貓咪的方便性設計。這種貓砂盆雖然可以防止排泄物濺到外面，避免整間房子塵土飛揚，但卻忽略了貓的本能與習性。跟狗上完廁所，會刻意踢沙子以凸顯存在感的習性不同，貓咪會用沙子掩蓋、清除自己的痕跡。跟成群結隊去打獵的狗不同，獨自狩獵的貓天生就不想留下痕跡，所以貓咪適合使用開放式的貓砂盆，這樣牠們可以從四面八方確認自己的安全，並且確保自己隨時可以往不同的方向躲避。

我個人認為最糟的結構，就是放在貓跳台底下的貓砂盆。因為貓跳台本身的結構就不適合設置貓砂盆，貓咪必須要花很大的力氣才能進去上廁所，出口常常也只是一個小孔而已。

---

* 要知道出現問題行為的貓，是生活在怎樣的環境下，才能夠做出正確的診斷。

「貓砂呢？」

「貓砂？我們家是用豆腐砂。」

「有特別的原因嗎？」

飼主說她目前跟出生才沒幾個月的小孩、老公，總共三人一起生活。生產前用的是礦砂，但因為貓砂會在家中四處飛揚，他們擔心影響到健康，所以幾個月前換成豆腐砂了。

貓砂的觸感，也會影響貓咪對貓砂盆的喜好；就像人喜歡軟軟的馬桶套一樣，貓咪也喜歡天然的貓砂。

「貓砂附近有沒有很重的臭味，或者你們家的貓會不會在貓砂盆附近抓來抓去？再不然就是進去沒多久很快就出來。」

「最近我覺得臭味有點重，不過因為從礦砂換成豆腐砂才沒多久，最近又比較忙，所以我沒有太注意。」

「只要可以維持貓砂盆乾淨就沒事了，原因就只有這樣而已。」

因為大小便而結塊的貓砂，必須要每天清理。貓砂一到兩星期要換一次，裡面大概摻雜百分之10之前用過的砂，不要讓質感落差太大就好。

貓砂盆一個月要做一次完整的清潔，注意不要使用香味太重的清潔劑。貓砂盆的管理是件很費工夫的事，但就是要做到這個地步，才稱得上是稱職的「貓奴」。

　　「是因為這孩子用的貓砂盆，已經髒到牠無法容忍的地步了，所以才會尿在床上。牠是選擇您的床當替代方案。」

　　「貓咪也會有替代方案？」

　　「牠真的忍得很痛苦，所以才會在地毯這種比較柔軟的材質上尿尿。講簡單一點，假設您急著想上廁所的時候，好不容易找到一間廁所走進去＊，但那裡真的太髒太臭了，您根本不想讓屁股碰到馬桶。是不是偶爾會遇到這種情況呢？」

　　飼主馬上回答說「對」。

　　「急著上廁所，但洗手間又太髒，那會怎麼樣呢？就會躲到沒有人的隱密處去小便吧。」

　　我看著飼主已經稍微可以想像，所以有些洩氣的表情，繼續解釋貓咪的狀況。

＊ 因為人跟寵物感受到的情緒會有差距，所以把寵物擬人化會有點危險。但以人的情況來比喻說明，可以幫助飼主更了解狀況，所以也是一種常用的方法。

玩耍！

好吃的飼料！

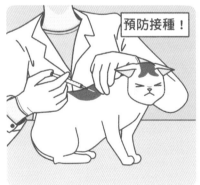

預防接種！

這樣應該就是完美的貓奴了吧？

「那現在該怎麼做呢，醫生？」

「只要好好維持清潔，狀況應該就會改善了。」

　　貓咪的EQ（情緒智商）大概相當於人類的三歲，這是成貓的狀況。不到三歲的孩子不小心尿褲子，父母絕對不會多講什麼。沒能幫孩子包尿布，或是沒有在適當的時機點，注意到孩子想上廁所的訊號，其實是父母要負比較大的責任。貓咪也一樣。即使已經長得比小貓大很多，但EQ還是相當於人類的三歲。我們必須更細心地注意到這點，從「貓奴」變成真正的「父母」。

廁所問題的犯人
就是……

#廁所管理(3)

「太可愛了吧？」

手機畫面上的蘇格蘭摺耳貓薩比，正在瘋狂地抓著貓砂盆旁邊的牆壁。這種類似磨爪的行為，居然不是在貓抓板上做，而是在貓砂盆的牆壁上進行。

「牠常有這種行為嗎？」我問。

「薩比不太像一般的貓，上完廁所之後也不會用貓砂把排泄物蓋起來。因為不會去撥沙，所以家裡也不怎麼會有砂子，是個很愛乾淨的孩子吧？」

「嗯……我們要不要來玩個推理遊戲？」

獸醫居然對來看診的飼主提議說要玩推理遊戲，讓人感到十分訝異。

我開始對飼主提出一個個的問題，了解薩比做出問題行為的原因。

線索1. 貓砂盆的數量

「首先，您家有幾個貓砂盆？」

「只有一隻貓，所以就只有一個。」

貓砂盆的數量不夠*，而且是封閉式貓砂盆的可能性很高。

「您是不是選用有蓋子的貓砂盆呢？」

「咦，您怎麼知道？因為我很討厭貓砂跑出來四處都是，用蓋子蓋起來就比較不會有那麼多沙。」

---

* 156頁有提到相關內容。

線索2. **貓砂的種類**

「那貓砂呢……應該是用豆腐砂吧？」

「對的，最近聽說貓咪喜歡豆腐砂，我才剛換沒多久。」

果然是豆腐砂。網路上大肆宣傳，說這種貓砂即使混雜了貓排泄物，還是可以直接拿去丟掉，不會阻塞水管，但我不以為然。畢竟，應該很少貓奴沒有為了馬桶堵塞而痛苦過。。

「豆腐砂裝得很滿嗎？」

「對，因為一直換太麻煩了，我就裝了很多在貓砂盆裡，這樣就算不常清理貓的排泄物也不會太明顯。」

「裝太多不是什麼好事，貓砂最適當的深度大約是5公分，一天要清理一到兩次。」

線索3. **貓離開貓砂盆時的樣子。**

「您會不會覺得薩比在用貓砂盆的時候，看起來有點不自在？」

「牠好像進出都沒什麼問題，我不覺得牠不自在耶。牠進去上完之後很快就出來了，時間花不到5秒。」

如果真的很順暢的話，薩比怎麼可能進去這麼快就出來了。

線索4. 貓砂盆的位置

「可以再讓我看一次剛才的影片嗎？」

「好，當然沒問題。」

影片裡的薩比，彷彿在貓砂盆前面跳舞一樣，一直抓著貓砂盆的蓋子。咦，這個地方是⋯⋯

「這不是您家的洗手間嗎？」

「對，這是我家的洗手間。就算經常清豆腐砂，貓砂盆也還是會有味道。放在廁所的話，要把凝固的貓砂丟進馬桶也很方便，所以我就放在洗手檯下面。」

廁所的溼度通常會比陽台或客廳高很多。豆腐砂凝固後容易吸濕，會變得軟爛，功能也會變差，所以不能把貓砂盆放在人用的廁所裡。

線索5. 洗手間四周的小便痕跡

「洗手間附近有沒有小便的痕跡呢？」

「有時候有，有時候沒有。薩比年紀還小，我覺得牠只是不小心而已。電視裡面也常播，小狗還小的時候不會大小便，所以要教育牠們大小便這件事。」

薩比還是隻只有五個月大的小貓，以人來看，大概是七

歲剛上小學的小朋友。偶爾會有一些小朋友，在小學入學前還不太會注意到自己大小便的需求，但貓跟人不一樣。

「不，以貓的情況來看，大概五個星期左右就會開始磨爪，也會選擇天然貓砂和類似的貓砂，並辨別自己上廁所的地方。所以根本就不需要教貓怎麼大小便。」

所以結論是……！

現在所有的拼圖都湊齊了，是時候告訴飼主真相了。線索總共有五個，這樣就夠了。

「薩比真的很討厭您準備的貓砂盆。薩比在貓砂盆前面可愛地跳舞的樣子，其實是用自己的身體在表達牠討厭這個貓砂盆。對薩比來說，濕軟的豆腐砂、感覺像要深陷其中的貓砂深度，再加上進出只有一種方式的封閉式貓砂盆，這一切都給牠非常大的壓力。」

「您怎麼知道這是壓力？雖然牠偶爾會失誤，但大多時候還是很正常啊。」

「用爪子在貓砂盆附近抓的行為、進去貓砂盆再出來的時間非常短暫，再加上偶爾會不小心在貓砂盆附近小便，這些都是薩比在告訴您牠非常討厭這個貓砂盆的線索。您家廁所的地板上有鋪毛巾對吧？很有可能再過不久，每個地方都會沾滿

薩比的尿液。」

「啊，這麼說來，門口的磁磚上面確實有小便的痕跡，但我一直沒有很在意⋯⋯」

貓咪出現問題行為的時候，首先要觀察貓咪生活的環境。尤其是貓砂盆，有許多要顧慮的條件，也很容易出問題。所以貓砂盆有問題時，與其對貓咪生氣，不如先觀察一下貓咪到底哪裡覺得不舒服，才會做出不恰當的行為。

貓砂盆管理法

- ■ 請把貓砂盆放在稍微照得到太陽，但濕度又比較低的地方吧。
- ■ 貓砂深度大約只要 5 到 10 公分，淺淺的就好（如果貓咪的腳會被貓砂埋住，那會讓貓咪覺得很不舒服）。
- ■ 一天必須打掃 1 到 2 次
- ■ 有幾隻貓咪，就要準備貓的數量 +1 個貓砂盆。
- ■ 換成開放式的貓砂盆。
- ■ 如果擔心貓砂四處飛揚，就鋪上落砂墊，或是選擇不易有粉塵的功能性貓沙（仍有可能造成馬桶阻塞，所以也別把豆腐砂丟進馬桶裡。）

ON/OFF

#剪指甲

　　這個情況相當熟悉，已經不是第一次。時間所剩無幾，大約1秒到3秒左右？為了這一瞬間，我一直注視著你，一直耐心等待著。我的手迅速伸向口袋。

　　工作到一半偷看你一下，發現你正凝視著我，感到丟臉的我只好立刻把視線移開。但現在可不是這樣，你已經放下一切對我的害怕、緊張與小小的抵抗，所以就是現在。

　　「喀嚓。」

　　雖然想帶走你應聲落地的一部分，但還不行。因為這樣一來，我心心念念的事情可能就無法完成。

「喀嚓。」

雖然已經成功了第二次，但還不能高興得太早。總共要做20次，現在才成功兩次，我不能得意忘形。不知道之後會發生什麼事，所以我得快點結束。我吞了口口水，本來希望第三次嘗試可以成功⋯⋯

「砰！」

我居然這麼不熟練！已經小心再小心了，誰知道我手上的東西居然會掉下來。你的耳朵因為這個聲音而動了一下，眼睛也微微張開了一條縫。我屏息思考，是不是該放棄然後離開現場呢？要假裝什麼事都沒發生，摸摸你的頭頂嗎？就在你換了個姿勢，想繼續休息的瞬間，從某處傳來了聲音。

「砰！」

好像是有人很用力關門的聲音，現在一切都回不去了。居然只完成兩次！真的是太困難了！要幫你剪腳指甲，竟然這麼困難！阿銀就這樣，以只剪了兩根指甲的狀態，迅速離開我身邊，什麼時候才有下一次機會呢？

大部分的貓咪都本能地討厭別人去摸牠們的腳，所以很多貓奴都不太擅長幫貓剪指甲。

因為指甲在貓狩獵的時候，扮演重要的角色。如果用來阻擋獵物的指甲沒了，會對狩獵的本能造成負面影響。去動到與生存本能有關的指甲，自然會讓貓咪非常敏感，所以想幫貓咪剪指甲的時候，一定要抓好時機，如果傻傻地直接去摸，很可能會遭到貓貓攻擊。

你有看過貓咪往兩邊攤開的時刻嗎？當頭往旁邊擺，眼皮幾乎要閉起來，或是耳朵雖然微微地在動，但肚子卻往旁邊露出來的話，就表示牠們已經放鬆警戒了。就是這個時候。

還有，最好放棄一次把所有指甲剪完的想法。這樣就太貪心了。你應該要慢慢接近，如果還不太熟悉，那就一天剪一根，十天就能夠把十根指甲都剪完。等熟悉之後，就可以輕鬆把所有指甲剪完了。

小時候的習慣
會持續一生

#食性

「怎麼會這樣？」

滿懷怨念地跟我討論柯妮的飼主問。

六歲的母波斯貓柯妮，是一隻備受寵愛的貓。牠的飼主竟會為了牠，親自製作寵物用的手工點心。飼主會直接買來所有食材，按照寵物餅乾食譜做出美味的點心，但柯妮卻不領情，反而只對一般飼料有興趣。飼主已經不只是覺得可惜了，甚至開始覺得難過。

「這次柯妮也拒絕您用心做的點心嗎？」

「牠有聞了味道，但是不怎麼吃，看了一下之後就回到自己的位置休息了。」

「有些貓會這樣，真的讓人很難過。」

「就是說啊，我很想做很多好吃的東西給柯妮……只要看到牠吃得很開心的樣子，我就覺得很幸福。」

這也讓我意識到，無論對象是人還是寵物，只要看到有人津津有味地吃著自己準備的食物就會感到幸福。也能夠理解她為什麼覺得難過了，但我突然好奇起一件事情。

「柯妮是什麼時候領養的？」

「應該是牠七個月大時的事情。」

「您記得是在哪裡領養牠的嗎？」

「因為牠在寵物店待了很久，一直沒有人要領養。我每次路過都看到柯妮待在那裡，偶然跟牠對上了眼，牠淒涼的眼神好像在說『帶我走』，讓我看了很揪心，所以就決定馬上領養牠。」

很多人都是因為瞬間的憐憫而領養貓或狗，但領養的時候有幾件事必須先知道。

「領養的時間點，會帶來決定性的影響，還有寵物店這個地點也會影響。」

「什麼？領養的時間點？從寵物店帶回來也有問題嗎？」

飼主滿是擔心地睜大了眼問。

「貓咪對食物的喜好，是在出生之後的六個月內決定。在那之前必須吃各式各樣的食物，才不會一輩子偏食。如果在那段時期沒有吃過太多食物，貓咪就很有可能偏食。」

「但從寵物店帶回來會有什麼問題呢？很多人都在寵物店領養貓不是嗎？」

「柯妮住了六個月的寵物店，很有可能一直都只給牠吃硬梆梆的乾飼料，所以柯妮才沒辦法去享受其他的食物。啊，不吃手工點心可能還有另外一個原因。」

飼主帶著想要快點聽下去的好奇眼神，我接著問：

「牠在睡覺的時候，是不是會打呼，或是聲音聽起來像鼻子塞住？」

「有時候會，我覺得太可愛了，還拍了影片呢。」飼主把存在手機裡的影片找出來給我看。

為貓咪做了手工點心♥

味道很棒吧？一定很好吃吧？快吃吃看！

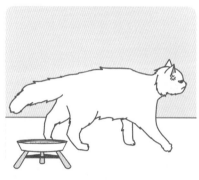

我做的很用心耶…拜託你吃一口就好！

果然，影片裡的柯妮打呼聲確實比其他的貓要大許多。

　　「果然鼻孔比較小。」

　　「波斯貓的臉比較平坦，所以鼻孔就比較小不是嗎？」

　　「鼻孔小的話就聞不太到味道，味道會對食慾造成很大的影響。也可能是因為鼻孔比較小，相對聞不太到味道，進而導致食慾比其他貓更差。就像人感冒鼻塞的時候，會分辨不出來食物好不好吃一樣。」

　　「那有什麼方法可以改善柯妮的偏食問題嗎？」

　　「可以做把鼻孔擴大的手術，讓牠比較能聞到味道。但牠已經習慣比較硬的食物了，所以如果能夠做比較硬的食物給牠吃，牠應該會吃得比較多，應該不用太擔心，絕對不是因為討厭妳所以才偏食。既然現在知道柯妮為什麼會偏食，您可以開心地做飯給牠吃了。」

　　飼主煩惱了幾天之後，決定要為柯妮做鼻孔擴張（鼻孔狹窄矯正術）。柯妮在接受了大約20分鐘左右的手術之後，展開了復健治療，我們決定一星期後確認傷口復原的情況，再來提供更多的飼料選擇給牠。

當然，柯妮不會馬上就接受所有飼料，但我們清楚地發現：牠已經能更積極表達自己喜歡的飼料種類了＊。

　　如果希望貓咪不要偏食，那就要在出生後的六個月內，提供給貓口感多元的食物。身邊能有一個「安靜的美食家」，肯定能為生活帶來不同的樂趣。

＊ 飼主很努力地提供不同的選擇給只吃乾飼料的柯妮，例如把濕食做成半濕食，或是提供外面泡水變軟，裡面還是很硬的雞胸肉快等等。在飼主的努力之下，柯妮的飲食習慣就能慢慢改變。

貓咪社會化的時機

貓咪的學習能力會在社會化時倍增，牠們會像海綿一樣吸收
所有的資訊。狗是在出生後 3～12 週經歷社會化，而貓的
時間只有大約一半，也就是出生後 3～7 週的時間經歷社會
化。這可以看成是貓比較早熟，也因為要在野外求生的貓多
於狗，所以牠們必須盡快學習、求生。

■ 貓在出生後三週左右，就能只靠味道跟樣貌來辨認出母
貓，從這時候開始就會學習打獵的基礎。

■ 貓出生後五週左右，就會開始分辨上廁所的地方。這時候
也會開始磨爪，所以要提供合適的貓抓板給牠們，透過這
樣的行為，可以學習攻擊與防禦的技巧，這個時候就能夠
殺死老鼠了。

■ 到了出生後七週，貓就會開始掩蓋自己的大小便，引發裂
唇嗅反應的鋤鼻器也發育完成。

■ 貓出生後 3 到 12 週內，可以和一起生活的對象（人、狗
等）和平共處。

一個衛生紙捲
就能玩得很開心

#遊戲(1)

　　如果問飼主「您都怎麼跟貓玩呢？」，大多數的人都會回答說用逗貓棒來跟牠們玩。認為自己很為貓著想的貓奴，還會很帶著「我是鳥」「我是蜻蜓」的想法投入這個遊戲。

　　但當你拿出熱情想陪貓咪玩時，通常會出現兩種情況：首先，是你的體力會消耗得比貓咪還快；或者是，你手舞足蹈地想跟貓咪玩，但牠只是冷眼旁觀。

　　要正確掌握貓咪的個性，才能夠玩對遊戲。

　　對貓咪個性造成影響的因素，分別是遺傳的影響、社會

化的時期，以及出生後三到七週是否有適當的接觸。以人的情況來看，貓大概相當於三歲左右的幼兒，這時候必須要有很多愉快且幸福的經驗，讓牠們在情緒上有正面的刺激。貓跟人一樣，會因為不同環境的刺激與生活，形成截然不同的個性，而這些東西也都會由父母直接教導給子女。《貓的感覺（暫譯）》（Cat Sense）的作者約翰・布拉索（John Bradshaw）曾提到「沒有任何一隻貓的個性相同，牠們都擁有各自的特色與個性。」

所以即使同樣是拿紙來玩，有些貓會很積極，但有些貓會很消極。

這裡要介紹一種特別的玩具，給跟總是有些冷淡、個性很安靜的貓咪一起生活的貓奴。

幾年前，一位訓練家曾提及散步＊對狗的重要性，他主張「嗅聞（nose work）」對狗來說是必要的行為。在散步時做出嗅聞的行為，可以幫助狗滿足牠們的狩獵本能。貓咪也有類似嗅聞的行為，我們通常會用「Foot Walk＊＊」來形容，也就是配合貓咪經常用到腳的特性，來陪牠們玩遊戲，這樣就能夠讓貓奴跟貓咪都獲得滿足。

＊ 我個人比較常用「外出」這個詞來形容這種行為。

＊＊ 「Foot Work」並不是正式的名稱，而是模仿「Nose Work」而來的。

利用這種特性的代表玩具，就是「藏食器」。這種玩具是在板子上面放好幾個藏有飼料的桶子，讓貓利用牠們的腳去把飼料挖出來吃。雖然市面上比較少販售，但也可以自己動手做，所以不必擔心買不到。

　　需要準備的物品是衛生紙捲（或是紙杯）和貓零食，做法非常簡單。把捲筒衛生紙用完後剩下的芯拿來切成適當的高度，在裡面放幾顆乾式的零食或是飼料，然後把其中一個開口封起來就完成了！做兩、三個丟給貓，就可以看到牠們努力用腳把飼料掏出來吃的樣子。一開始如果有點困難，可以稍微拍打一下，讓飼料比較容易掉出來。

　　為了讓貓咪可以更享受遊戲，我們必須調整難易度。所以當貓咪熟悉衛生紙捲筒的遊戲之後，接著就可以把好幾個衛生紙捲筒黏在一起立起來放著，或是拿紅酒的盒子來做進階版的玩具。因為紅酒盒比衛生紙捲筒更深，貓咪必須用盡所有的方法才能把放在裡面的飼料挖出來吃。

你可能會很疑惑真的能用這種方式餵飼料嗎，但貓跟狗＊不一樣，會分好幾次將飼料吃完，為配合這樣的飲食習慣，應該讓牠們自己決定吃飯時間，而不是由飼主來定時餵食。貓平均會把飼料分成六到七次吃，再加上我們提供點心的次數是三、四次的話，這樣我們總共有10次跟貓咪玩的機會。如果其中三到四次是以能夠滿足狩獵本能的方式來提供點心，那我們的任務就算成功。如果想再發揮一點創意，也可以把長長的洋芋片筒黏在一起，或是把好幾個雞蛋盒黏在一起拿來用。運用這些工具，一天提供三到四次的Foot Work機會，你就會驚訝地發現：你家的貓主子發揮了過去不曾注意到的驚人能力。

＊ 順帶一提，行為醫學上並不推薦用這種玩樂的方式來餵狗。

為什麼
貓咪睡不停

#遊戲(2)

　　照片裡的珍妮，瞳孔張得又圓又大。這是晚上才會出現的狀況，牠看起來異常地清醒。跟為了讓更多光線進入眼睛而把瞳孔放大的行為不同，看起來就像是專注在什麼東西上。

　　「牠經常這樣嗎？」

　　因為這個樣子不太尋常，所以我便問了珍妮的飼主。

　　「也沒有經常。牠平常胃口很好，生活也沒什麼異狀，但我下班進家門的那刻，或是舒適地坐在沙發上看電視時，牠就會在旁邊這樣看著我。」

貓的瞳孔形狀通常有三種：第一種杏仁型（almond type），通常是在比較緊張的時候出現。

　　第二種是瞳孔變成一條線，這稱為狹縫型（slit type），通常是在舒適地休息時會出現，有自信的貓也會有這種瞳孔。第三種就像珍妮一樣，瞳孔完全放大，稱為圓型（round type），大多是在感到恐懼、害怕，或是感到好奇時出現。以珍妮的情況來說，不可能以需要狩獵的高度專注狀態來看飼主，所以應該是出了什麼問題。

　　「您常常陪珍妮玩嗎？牠現在的瞳孔形狀，是貓在玩玩具的時候會出現的瞳孔形狀。」

　　「剛領養的時候真的很用心地陪牠玩，『釣竿型逗貓棒＊』是最基本的，也會用『魚板串＊＊』假裝我是一隻鳥，很認真地陪牠玩遊戲。以前還會從這個房間跑到那個房間，讓珍妮追著我跑。但結婚生完小孩之後，就比較沒那麼用心了，所以也覺得對牠很抱歉……」

＊ 釣竿型逗貓棒，是愛貓人士喜歡的玩具之一。韓國通常會暱稱為「啪沙啪沙」，這是因為在模仿吊在逗貓棒上的昆蟲揮舞翅膀時，會發出類似這樣的聲音。逗貓棒只要發出「啪沙啪沙」的聲音，貓的注意力就會被吸引過來。

＊＊ 這是一種長得像魚板串的短逗貓棒，因為看起來就像是把魚板串在竹籤上，所以又叫「魚板串」。

「那現在都怎麼玩呢？」

「不知道牠是不是為我著想，所以經常在睡覺。一天會睡十五、六個小時。因為聽說貓本來就睡很多，所以我也沒有多想。」

對貓來說，「睡眠」是為了儲存狩獵時所需要的爆發力的過程。尤其是街貓，花費在狩獵上的時間平均是3.6小時，為此牠們會將24小時中的40%，也就是9.6小時拿來睡覺。但像珍妮這樣的家貓呢？每天睡覺的時間平均是14.4小時，但花費在類似狩獵的遊戲上的時間，卻只有14分鐘左右。雖然睡了更久，但玩遊戲的時間卻只有14分鐘。

「我擔心的是因為珍妮玩的時間比以前少，所以才會出現這種異常行為。」

「哪種異常行為？」

「會去咬牠平時不吃的東西，也可能會突然對塑膠之類的東西很有興趣。這種情況稱為『異食症』，通常都是因為狩獵遊戲用錯了方法，才會出現這樣的症狀。」

「我還以為是因為貓咪喜歡塑膠的關係。」

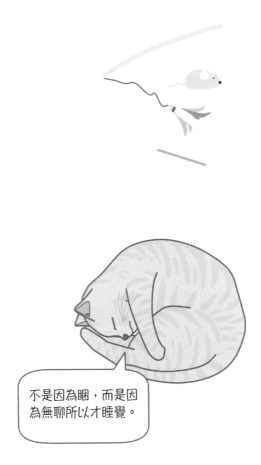

不是因為睏，而是因為無聊所以才睡覺。

「因為沒有人陪牠玩狩獵遊戲，所以才會這樣。會發出窸窣聲且有咀嚼樂趣的塑膠，變成了牠狩獵的對象。要是把塑膠吃進肚子裡就會影響健康，這也比較難察覺，即使做檢查也不見得檢查得出來，要診斷也有困難，所以相當危險。」

「那珍妮看著我，也是想要我陪牠玩囉？跟以前相比，我現在比較少陪牠玩了，牠這個表情是要我陪牠玩的意思吧？但雖然是這樣，我有時候還是覺得牠的表情有點讓人害怕。」

「這就是我有點擔心的部分。對小時候經常玩捉迷藏的珍妮來說，牠似乎把您當成是獵物了。從這個房間逃到那個房間，讓貓咪追著跑的遊戲，雖然可以讓貓咪很興奮、很開心，但有一件絕對不能疏忽的事情。」

「不能疏忽的事情是什麼？」

「那就是成就感。」

對貓咪來說，狩獵是最能滿足本能的行為，要抓到獵物並吃掉才能夠獲得滿足。我們必須以飼料或是點心，來代替獵物滿足家貓，否則就會像珍妮一樣，用興奮的眼神把飼主當成是獵物看待。

「那我該怎麼做？珍妮居然把我當成獵物……」飼主以顫抖的聲音說著，眼淚忍不住流了出來。

「變換一下對象吧。雖然會有點辛苦，但看到珍妮的時候可以準備會動的玩具，當牠用警醒的眼神來看妳時，就用那個玩具來陪牠玩。當牠抓住玩具，看起來狩獵成功的時候，就立刻給牠點心吃，這樣珍妮才會覺得狩獵完成。

　　從結論來説，只要玩個15分鐘左右，就可以完全扭轉貓咪將飼主當成獵物來看的這種情況。」

　　對貓咪而言，狩獵跟生存息息相關。跟人類一起生活、被剝奪生存本能的貓，最常出現的症狀之一，就是對人產生異常的「狩獵攻擊性」，為了改善這個問題，必須要經常讓牠們產生成就感。還具有野性、充滿活力的貓，必須要得到狩獵成功的喜悦，貓咪才能夠在室內的環境下保有自己的本能，並與人和平共處。

分開又在一起

#多貓家庭的空間分隔

　　大部分的飼主在剛養第一隻貓咪的時候，會付出非常多的關愛，但時間一久就會慢慢疏忽。大概到了領養一年左右，貓咪就會獨自在家度過很長的時間，真的很可憐。也因此，很多飼主會為了多領養一隻貓而來向我諮詢，這時候我都會勸他們，如果多養一隻貓會讓原本的貓產生壓力，那最好不要。再加上如果有兩隻貓一起生活，飼主要做的事情會大量增加。兩隻以上的貓一起生活時，飼主就必須付出更多的努力來調整牠們的空間。當貓咪兩、三歲開始進入社會成熟期時，多貓家庭很可能會經常爆發貓咪之間的戰爭。

到入口網站去輸入「多貓相處」的話，就會出現「多貓相處問題！急！」或是「多貓相處，幫幫忙！」「不知道要讓幾隻貓住在一起是這麼難的事情」等內容，甚至會有「多貓家庭奮鬥記」等文章出現。

第一階段，運用貓跳台分配垂直空間。

對貓來說，私人空間非常重要。而且牠們使用到的空間是立體的，所以不能單純像分土地一樣把平面分給牠們，必須要考慮到能往上爬的空間。貓要是稍微受到驚嚇，就會跑往高處躲起來，所以反而會需要更大的垂直空間。

在有兩隻以上的貓同時生活的多貓家庭，如果只有一個貓跳台，那就一定要確認是誰佔據了頂層，那隻貓很可能就是這個家的領袖。就像公寓頂樓會有比較豪華的套房一樣，貓跳台最高的地方可以俯瞰整個家，也可以掌握所有的情況，

所以可以上下跑動的貓跳台，是多貓家庭不可或缺的必備物品。

第二階段，**運用貓公寓來分隔空間。**

即使有貓跳台，也無法避免多貓家庭發生戰爭，這時可以透過貓公寓，也就是多功能貓跳台（cat condo）讓情況稍微改善。一樓是廁所，二樓是飼料碗、水盆，還可以放很多垂直的貓抓板，就像附有內嵌式家具的套房一樣。這在貓咪會彼此爭吵，但又無法給牠們各自的房間、無法設置防貓門的環境下，會是很有用的做法。

貓咪發生爭吵的時候，應該要把誰帶走呢？一般人都認為應該帶走受害的貓，而非加害的貓，但其實正好相反。我們應該把加害貓帶到其他地方去。因為一般來說，加害貓使用的空間比較多，受害貓則是躲在餐桌底下，或是只能使用比較狹窄的空間。如果受害貓想上廁所，加害貓卻一直盯著牠看＊的話，反而會讓加害貓一直沒辦法正常排泄，甚至很可能無法進到有很多玩具的空間。所以把加害貓放到貓公寓裡，是比較明智的選擇。先把加害貓隔離之後，讓被害貓可以好好地使用主要空間（遊戲、休息等能夠進行貓必要活動的空間），讓牠抒發過去無法抒發的壓力。

＊ 想到在上廁所的時候有人盯著自己看，不覺得很可怕嗎？

那接下來呢？

第三階段，**保留私人空間，但想辦法稍微讓牠們靠近一點**

　　要讓加害貓在固定的時間，與被害貓待在同一個空間，如果沒有發生任何事，就要給牠們點心並稱讚牠們。這時候必須要顧及到兩隻貓之間的私人空間（personal space），一開始就從1.8公尺開始。每天在固定的時間，一點一點地縮小這段距離，然後稱讚並給牠們獎勵。

　　感覺牠們好像比較親近之後，就可以讓牠們一起玩。可以是逗貓棒等動態的遊戲，也可以讓牠們一起玩趣味板等玩具。一點一點地慢慢增加被害貓與加害貓待在同個空間的時間。可以變換一下地點，也可以增加一起玩的次數，這時候最重要的是：如果牠們沒有起爭執、相親相愛的話，就要多多稱讚加害貓，並給牠一些獎勵。

　　如果不好好用心處理這樣的情況，只是希望可以讓受害貓少被欺負一點，而倉促地決定再領養一隻貓的話，是很不好的決定。就像家人跟好朋友住在一起也可能經常發生衝突，貓咪也是一樣。貓咪的同居，和人的關係有很多相似之處。

同時養貓和狗

到入口網站上搜尋「養狗」的話，找到的內容比較不會是原本的狗飼主在煩惱要不要多領養一隻狗，而是「有可能同時養貓跟狗嗎」或是「不能同時養貓跟狗嗎」之類的內容。比起煩惱狗能不能跟另一隻狗住在一起，還是會比較多人想知道「要怎麼做才能讓貓跟狗和平共處」。

雖然有人說「貓跟狗是宿敵」，但這其實是個誤會。就像前面說過的，如果貓在出生後 3 ～ 12 週內跟狗一起生活的話，未來就能夠和平共處。

有趣的是，會煩惱要同時養貓跟狗的人，幾乎沒有人是養貓養到一半，突然覺得「要來領養一隻狗」；大多數都是狗養一養，然後決定要去領養一隻貓。所以通常都是愛狗人士想要同時養貓跟狗，但卻不瞭解貓的生活方式，所以才會發生問題。

如果有貓咪公車

「不覺得開車很無聊嗎？」

一位搭我的便車，一起去參加義工活動的獸醫前輩問。

「不會啊，有音樂聽就好了，不過偶爾也會想要讓別人開車，我舒舒服服地坐在旁邊休息啦。」

「那等到下個休息站就換我開吧。」

我想我那不信任他的眼神，應該是沒有好好地被他接收到，否則他不可能這麼輕易地說出這句話。畢竟無論再怎麼累，我都不會把方向盤讓給別人，但前輩不知道我的這點堅持，所以到了下個休息站時，一直很堅持要換他來開。

於是我坐在副駕駛座，一直看著窗外呼嘯而過的景色。前輩播的《龍貓》的原聲帶，聽起來真的很舒服，就在那一刻，我突然希望這世界上可以真的有貓公車這種東西存在。

那應該會是一台椅子用鬆軟貓毛製成，溫馨又舒適的公車。雖然有著龐大的身軀，但卻十分敏捷，不是奔馳在道路上，而是能夠在高處跳躍，像傍晚六點這種主要幹道嚴重塞車的時刻，貓公車可以穿梭在路邊的刺槐樹或櫻樹間，讓我因塞車而煩悶不已的心情獲得一些紓解。因為眼睛裡面會發出自然光線，所以即使夜晚走在漆黑的道路上，也完全沒有問題。

我們一起走過的路，不知不覺間充斥著費洛蒙，即使不必特別提醒，也知道要往哪裡走，這應該算是費洛蒙導航吧？不過走新的路線時，就必須要一直在路上留下費洛蒙，這樣一來就得花很多時間。不過坐在這麼拉風的貓公車裡，這點時間我很願意等。

突然覺得憂鬱，想要去哪裡走走的時候，貓公車就會像是有心電感應一樣察覺我的想法，帶著我到某處的涼亭去，欣賞如詩如畫的首爾風景。

想著想著，不知不覺抵達了首爾，前輩問我在開心什麼，怎麼吃吃笑個不停。

　　「如果阿銀變得像公車一樣大，每次我上下班或是要出遠門的時候，就讓牠來載我，你覺得怎麼樣？」

　　「這樣高速公路上需要的就不是加油站，而是販賣貓飼料的寵物用品店了！」

　　有時候開車開到一半覺得累時、想要在空中翱翔時，我都會想像能有橘色條紋貓公車、賓士貓公車，或是黃色、褐色等不同顏色的貓公車，或是貓計程車來載我。

＃後記

　　貓咪這種生物就像是「謎題箱裡的另一個謎題」，所以我希望這本書能夠成為貓咪與飼主之間的心靈交流鑰匙。

　　感謝總是諒解不完美的我、鼓勵我、為我加油的親愛家人及朋友，雖然有點不好意思，但我想對大家說一聲「我愛你們」。